LE
GOVVERNAIL
D'AMBROISE BACHOT
CAPITAINE INGENIEVR
DV ROY.

Lequel conduira le curieux de Geometrie en perspectiue dedans l'ar
chitecture des fortifications, machine de guerre & plusieurs autres
particularitez y contenues.

Imprimé à Melun. soubz
L'auteur.

Et s'en trouuera aussi en son logis ruë de
seine du fauxbourg S. Germain des
Prez, à la croix blanche à Paris.
M. D. IIC.

A la Bande Guerriere

POVRAVTANT que l'affection et naturelle inclination que i'ay touſiours eue aux ſciences Mathematiques (amy Lecteur) m'a contrainct non ſeulement de rechercher les plus rares œuures des plus doctes perſonnages d'icelles diſciplines : Mais auſſi m'a grandement incité à hanter les plus ſegnalez hommes de noſtre aage, et d'auantage, parce que les preceptes, diſcours, et propoſitions des diſciplines, ſe comprēnent beaucoup mieux quād on les voit r'apporter et ſ'appliquer a quelque vſage. Ie n'ay ceſſé quand l'occaſion ſ'eſt preſentee, tant pour ce regard comme principalement pour faire ſeruice à mon ſuperieur, de frequenter la guerre, où la neceſſité, beſoing, danger, et le deſir de ſurmonter et deſtruire l'ennemy, font excogiter d'vne part et d'autre de treſ-dangereuſes et treſ-aigues ruzes pour l'executiō deſquelles y eſt beſoin d'vn treſ-grand et admirable artifice. Ce qu'ayant ainſi continué par longues annees, et ayant inuenté et obſerué durant ce temps pluſieurs rares inuentions, agreables, vtiles, et du tout neceſſaires à l'vſage humain, pouſſé du deſir d'en faire part aux nobles entendemens : Mais parce que l'ordre en toutes choſes eſt de grande conſequence, preuoyant que noſtre but eſt icy de donner à cognoiſtre, principalement entre autres ſingularitez, l'Architecture des fortifications, les plans deſquelles ſont terminez par diuerſes figures et deſſeins, ou ſont repreſentees pluſieurs belles Machines et inuentions, leſquelles ſont fondees de Geometrie et de l'Architecture d'iceux, et par les ſources des artificieux mouuemēs cōtenus en nos ſuyuantes propoſitiōs, qui ſont appuyez ſur les propres cauſes de leurs effects. Aſcauoir ceux qui ſe font en l'air ſur les vents, les autres ſur les courantes eaux, d'autres ſur la force des induſtrieux reſſorts, et quelques vns ſur la balance par contrepois, et finalement les plus communs et plus diuers ſont eſbranlez par la diuerſe action des animaux, ainſi que la pluſpart ſont par nos traces repreſentees, leſquelles ie dedie aux vertueux eſprits, contēplatifs et amateurs de l'obſeruatiō, et recognoiſſance de l'ordre d'icelle, qui doibt eſtre en la recherche de ce qu'vn bō Guerrier doit ſcauoir & entendre, qui eſt la cognoiſſance des fortifications : et pource il m'a ſemblé fort expedient deuāt que de repreſenter par les traces, l'art de les treſbien conſtruire, de ſommairement l'aduertir des choſes plus generalles & principalles qui le peuuent conduire à la claire intelligence d'icelles. Premierement il eſt treſ-vtile qu'il aye la cognoiſſance des nombres & des lignes, c'eſt à dire, qu'il ſoit aucunement inſtruict en l'intelligence de l'Arithmetique & de la Geometrie : & enapres pour le regard des corps ſolides & esleueʒ deſdites fortifications, il doibt bien entendre la Perſpectiue, & d'auantage faut qu'il aye pluſieurs conſiderations des lieux que l'on doibt fortifier, eu eſgard a la diuerſe ſituation d'iceux, tant pour le regard des moyens, commoditez, & incommoditez qu'ils ont de la nature des lieux, comme auſſi pour le regard de leurs qualitez, à ſcauoir ſi le territoire eſt fort ou foible : & ſemblables accidēs, qui ſeroit long icy de reciter par leurs particularitez. Parquoy ie diray ſeulement que le Guerrier qui voudra bien entendre ſa profeſſion, apres ſ'eſtre fourny deſdites trois diſciplines, doibt tant pour deffendre la place, comme pour l'aſſaillir, ſe faindre vn

combat du dedans au dehors, & au contraire du dehors au dedãs, recognoiſſant tresbien les aduenues de ladite fortereſſe, en general les approches couuertes, les lieux commandables des enuirons : & ayant conſideré
toutes ces choſes, fault encores qu'il penſe qu'il pourra eſtre attaqué d'vn autre qui aura auſſi bien que luy re-
cognu tous les aduantages que la forme de la ſituation du lieu luy peut donner. Parquoy noſtre Guerrier a-
yant biẽ diligemment cogneu & recogneu tous les perils & dangers qui luy peuuent ſuruenir, faut que tra-
ceant les bornes et termes de ſon plan, où il ſe veult fortifier, qu'il ſcache bien iuger pour euiter leſdits dangers
quand il ſe fault quelquefois retirer, et autres-fois decliner, s'eſleuant ou abbaiſſant ſelon le beſoing, et quelquefois s'aduancer du peril pour le dominer, qui eſt ce qui nous cauſe les formes deſdits plans inegales et par cõ-
ſequent les fortifications ſouuent bien irregulieres, comme auſſi les courtines les vnes lõgues, les autres courtes,
& les angles des baſtions, les vns aigus, & les autres obtus, & auſſi nous cauſe bien ſouuent quand l'aſſiette,
ou ſituation le donne, d'vſer de tenailles, rauelains, & autres remedes, les courtines deſquels nous donnent les
tires non correſpondantes, ains fort diuerſes & indiferentes ſelon l'occaſion du lieu, qui eſt cauſe qu'il faut encores que noſtre Guerrier ſcache et cognoiſſe bien les tires & portees des pieces de poinct en blanc, pour pouuoir bien a propos & a ſa commodité aſſortir ſes Caſemates. Et pour ce regard il notera que le canon peult
porter enuiron cinq cens pas, la grande Coulleurine ſept cens, la Baſtarde cinq cens ou enuiron : comme a eſté
dit du canon, & la moyenne quatre cens, les Fauconeaux porteront enuiron deux cens pas, l'Arquebuſe à
croc portera enuiron ſix vingts pas. Et finalement fault que noſtre-dict Guerrier entende qu'apres toutes ces
choſes conſiderees, que combien qu'il ſe defende de ce qu'il pourra, & que les mediocres tires de la fortereſſe ne
ſoient les pires, pour tout cela il ne doibt fonder le deſſein de ſa fortereſſe ſur la force de ſes armes & machines,
mais ſur la force des plus puiſſans et violans inſtruments, machines, et autres ſortes d'armes qu'vn treſpuiſ-
ſant ennemy luy pourroit amener, tant pour le deſtruire, comme pour razer ſa place, m'aſſeurant que ces ad-
uertiſſemens generaux ainſi poſez auec la diuerſité de mes deſſeins que ie luy preſente par les traces ſuyuãtes,
luy pourront treſbien ſuffire pour excogiter et ſurmonter les infinies et indicibles ruzes qui peuuent entreuenir
en vn ſiege : eſquelles traces et deſſeins noſtre Guerrier doibt finalement auec grande conſideration cognoiſtre
vn effect admirable ſur le ſubiet de l'Architecture des fortifications lequel eſt tel, la Perſpectiue ne doibt en
rien changer la forme et dimenſion du plan Geometrique, à celle fin que lon le puiſſe touſiours meſurer quand
il en ſera de beſoing. Ce qui ne ſe peut faire ny obſeruer par la riegle de la Perſpectiue, qui ſe conduit auec vn
poinct principal et deux tiers poincts. Ceſte maniere dont il eſt queſtion, de laquelle nous auons vſé pour repreſenter les deſſeins des fortifications eſt fort familiere et facille à entendre : le faict d'icelle ne giſt qu'à tirer les
lignes perpendiculaires, les hauteurs ou profondeurs au deſſus ou au deſſoubs ledit plan, lequel repreſente la
ſuperfice de la terre, et aſſembler leſdites lignes deſſus et deſſoubs, auec lignes paralleles. Ce qu'obſeruant diligemment, vous aurez l'effect de voſtre intention, comme on peut clairement comprendre en noſdictes premieres traces et deſſeings, leſquels trouuerez diſpoſez par ordre, pour eſclaircir les redoubtes qui entre-viennent
aux deſireux, à qui l'impatience ne permet ſe raſſaſier leurs eſprits. Ie dis cecy d'autant que les principes de noſtre œuure ne ſont capables pour rendre tels amateurs de la perfection de mes intentions, ny ſatisfaire à l'affection de ceux qui de plaine abordee ſe rengeroient pour entendre la fin de mes conceptions : filz n'accompa-
gnent les premieres introductions auec les ſuyuantes, et iuſques aux dernieres obſeruations. Parquoy ie vous
exhorte qu'auec telle patience que volontairement i'ay prinſe, vous enſuyuiez mon ſtil, pour entrer peu à peu
en la cognoiſſance de l'augmentation de mes inuentions, et alors comme vos genereux iugemens enſuyuront
mes traces et obſeruations, ils s'eſclairciront et ouuriront l'eſprit à choſe delectable. Parquoy ie me contenteray
pour le preſent d'auoir mis le Guerrier en ceſte carriere, luy promettant toutesfois de ne ceſſer d'amplifier et
eſclaircir ceſte matiere auec le temps, pour le rendre plus accort, circonſpect et entendu en ſa profeſſion au
meilleur ordre qu'il me ſera poſſible.

EN CE DISCOVRS RECOGNOIS-
TREZ LE SVBIECT DE MON INTENTION, POVR
VOVS CONDVIRE ET ADDRESSER PARMY LES GVERRIERES MA-
thematiques, en Geometrie & Perspectiue, auec l'ordre des ombrages, ensemble la me-
tode de paruenir à la cognoissance des fortifications, instrumens, &
machines de Guerre, & autres parties.

D'AVTANT qu'en toute chose le bon ordre doibt estre en recommandation pour autant qu'elle nous addresse & conduit à la claire intelligence de nos affections, parquoy il m'a semblé bon suyuant mon intention, de vous ad-dresser le stil de plusieurs belles pratiques, pour paruenir par la Theorique, à la construction des fortifications, & pour ce regard i'ay prins, comme il m'a semblé conuenable, mon subiect sur la figure du Pentagone, d'autant qu'elle est vne figure assez delectable, & aussi que celuy qui sçaura & aura la cognoissance de la fortification sur le plan dudict Pentagone, il ne pourra estre acculé qu'il n'aye prôpre cognois-sance sur quelque propositiom qui luy puisse estre faicte, & ne luy soit facile, pour le regard des-dictes fortifications, & pour le regard du stil & ordre, i'ay commencé par Geometrie, com-me fondement & appuy de nostre Perspectiue, par laquelle pourrez representer l'idee de vos conceptions en l'art des fortifications, & en-apres pour les corps esleuez est de besoin de con-tenter l'œil par les diuerses ombrages par lesquelles l'œil se contente de pouuoir discerner le but de ses intentions.

Mais pour cause que la facilité m'a tousiours esté en singuliere recommandation, i'ay re-cherché sur chacune figure des susdictes parties, ce qu'il m'a semblé plus proprepo ur esclaircir mon intention, qui est d'euiter la confusion & ne trauaillei en vain les studieux en ces sciences. I'ay donc consideré que suyuant le but de mon intention ie me suis proposé de rechercher plu-sieurs propositions de Geometrie sur la fabrication des parties & totalité de la figure du Pen-tagone, qui est celle dont mon discouts traicte, ensuyt & enseigne.

En Perspectiue nous vous pouuons promettre que suyuant l'ordre de nostre stil, vous aurez vne briefue & facile cognoissance de pouuoir representer le desir de vos intétions, pour le re-gard des fortifications & obseruations Perspectiues. Le contenu donc de sa fabrication gist au plan Geometrique en perpédiculaires & r'assemblemét de lignes parallelles, dont la facilité & vtilité d'icelle, la rendra d'autât plus honorable, en ceque les desseings se peuuét tousiours me-surer, comme cognoistrez par claire intelligence ledit ordre, de desseing en desseing, & d'am-plification en augmentation, pour en fin receuoir fruict & contentement, & soulagement aux amateurs de telles loüables exercices.

Aussi pour la delectation & soulagement de l'œil, nous donnerons le moyen qu'on pourra discerner l'eslongnement, l'obscurité & la clarté en nos corps esleuez. Partant ie me suis delibe-ré vous esclaircir & aussi donner contentement, par l'intelligence qu'aurez de l'ordre propo-fee en la figure des ombrages, par laquelle vous iugerez des parallelles & semblables declina-tions, sur quelconque desseing proposé de quelque forme que ce soit, comme il est amplement desduict sur sa figure.

Et de là pour s'acheminer à la construction des fortifications, & de la praticque d'icelle, i'ay pris la plus familiere demonstration qu'il m'a esté possible, pour vous conduire sans confusion (pourueu que la patience vous aecompagne) & cognoistrez qu'en suyuant nostre ordre, vous entrerez de traict à traict, & peu à peu en la totale intelligence de la Theorique & praticque desdictes fortifications, par l'augmentation & amplification de nos desseings, où sont repre-sentees nos conceptions. Et de là comme d'vn puissant fondemét, faisons suyure par or-dre plusieurs diuerses & notables inuentions, lesquelles n'auons voulu pour le present desduire & discourir par le menu, attendu que tout ainsi que la nature ayát sa matiere disposee, ne pro-duict iamais la chose auec sa perfection : Car cóme l'on voit en obseruant les choses naturelles soudain qu'elles sont produittes, elle ne cesse iamais selon tous ces moyés, de les esleuer en leur plus grande perfection, semblablement les entendemens cótemplatifs, selon l'occurrance, be-soing & necessité, à l'imitation d'icelle comparant les choses, les vnes aux autres, produisent de là plusieurs inuentions, lesquelles bien souuent mettent en auant ainsi simplement represen-tees par leurs euidentes traces, sans autre long discours. Ne voulant ce pédant retarder l'vtilité du public, & toutesfois ils ne cessent par apres de iour en iour d'excogiter & imaginer de rédre leurs-dites inuentions plus amples, plus riches, plus claires, plus intelligibles, les enrichissant d'vne facile & nette explication, & finalement taschent de les esleuer à la plus grande per-fection qu'ils peuuent, pour vous destourner des doutes & obscuritez qui vous y pourroient suruenir, comme a esté nostre intention, que vous cognoissiez en fin estre mon but, que puis-siez faire fruicts tels que ie les vous desire, & que vos esprits soient fortifiez de mes inuentions, & vos terres & places, conseruees par la traditiue de nos fortifications, & ainsi i'espere qu'auec la delectation qu'y prendrez, i'en receueray tel contentemét, que voyant mes desseings & tra-uaux n'estre inutiles, que vous m'occasionerez d'autant plus, aydant Dieu d'entreprendre de plus grand zele & affection autres inuentions pour vostre vtilité, & au soulagement de nostre posterité Françoise.

A LA BANDE GVERRIERE, EN RECOMMENDATION
DE L'AVTHEVR DENOMMÉ PAR LES CAPITALLES.

Alchimede voulant son pays garentir,
Machinoit des engins, pour garder Siracuse,
Batissoit des rempars, praticquoit quelque ruse,
Repos aux ennemis, ne vouloit consentir.
O race de Vulcan, te veux tu departir?
Y a il auiourd'huy cause que tu t'excuse?
Sus, sus Bande Guerriere, entens, apprends, & vse,
En ce liure comment, les forts, tu doibs bastir.
Besoing nous auons tous, preuenir l'ennemy:
Au besoing on cognoist celuy qui est amy,
Chacun dira assez, mais faire il ne luy chault.
Heureuse-es qu'en ce temps, vn Francois de naissance,
Ouuert t'a des desseings, pour garentir la France:
Te sauuant des perilz, quel pris vault vn BACHOT?
Par I. E.

Sur vn poinct donné on peult constituer l'angle d'vn Pentagone regulier.

I

Oit le poinct donné A sur lequel faille descrire l'angle d'vn Pentagone : pour ce faire ie tire la ligne B A C, de façon que la distance B A soit esgalle à la A C, & cela faict, du centre A & de l'interualle B A ie descris le demy cercle B C, la circonference duquel ie diuise en cinq parties esgalles par les poincts D E F G, & tire du poinct D au Poinct A vne ligne, & du poinct G au mesme poinct A vne autre, & l'angle G A D qu'elles constituent, sera l'angle que demandons.

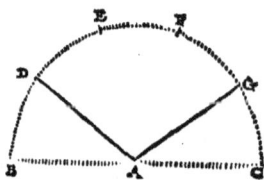

Estant donnee vne ligne droicte, on peult sur l'une de ses extremitez descrire vn Angle d'vn Pentagone regulier.

2

Oit la ligne donnee A B, i'erige sur le poinct A vne perpendiculaire, à sçauoir A C, esgale à A B, & du poinct A & de l'interualle A B ie descris la circonference B C, laquelle ie partis en cinq parties esgalles par les poincts D E F G, & continue la circonference iusques au poinct H, de sorte que l'arc H C soit esgal à l'arc C D : & lors ie tire du poinct H au poinct A la ligne H A, laquelle auec la donnee A B constituent l'angle demandé.

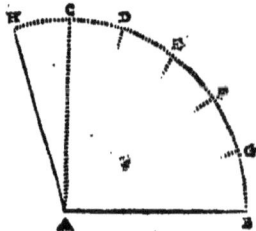

Estant donnee vne ligne droicte prinse pour costé d'vn Pentagone, on peult du milieu d'icelle faire sortir vne perpendiculaire qui soit la hauteur du Pentagone.

3

Oit la ligne donnee A B diuisee esgallement au poinct C, sur lequel soit erigee la perpédiculaire C D, & du centre B, & de l'interualle B A soit descrite la portion de circonference A E, & la distance E C soit diuisee esgalement au poinct F, duquel soit tiree vne ligne au poinct B, & soit appliquee la ligne F B sur la E D, & vienne son extremité au poinct G, & trouuerez que C G sera la hauteur du Pentagone, dont la ligne proposee luy sera base & l'vn de ses costez.

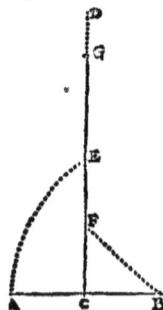

Au dessus d'vne ligne donnee prinse pour costé d'vn Pentagone pouuons trouuer vn poinct qui sera le centre du Pentagone.

4

Oit la ligne donnee A B , il faut du centre B & de l'intet-
ualle B A defcrire vne portion de circonference , & du
centre A & du mefme interualle A B en defcrire vne autre, lefquelles s'entrecouperont en vn poinct, à fçauoir en c. Soit
maintenant diuifee la circonference C A en cinq parties efgalles
par les poincts G F E D, & de l'autre part en autant, & feront les
diftances C H & H I en mefme diftance que C G, & foient tirees les
lignes F H & G I, lefquelles s'entrecoupent au poinct K Ie difque
le poinct K fera le centre du Pentagone, duquel A B fera la
bafe.

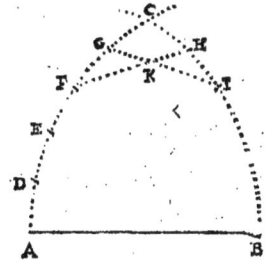

*Sur vne des extremitez d'vne ligne donnee faire porter vne ligne laquelle ira terminer
la fommité d'vn Pentagone, duquel la donnee fera bafe.*

5

Oit la ligne donnee A B, i'erige fur le poinct A la perpendiculaire A C, de forte quelle foit efgalle à A B, &
defcrit la portion de circonference C B, laquelle ie di-
uife en cinq parties efgales par les poincts D E F G, &
du poinct A ie tire la ligne A D, laquelle ie continue iufques au
poinct I : de forte que D I foit le double de la corde C D, & lors la
ligne A I rencontrera la fommité du Pentagone, duquel la donnee fera bafe.

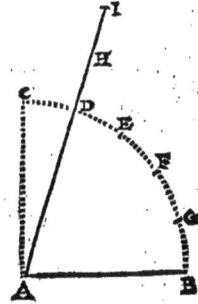

*Et au deffus de la mefme ligne trouuee en la precedente, donner vn poinct qui terminera
l'angle du Pentagone, dont la propofee fera fuftendante.*

6

Oit la ligne precedéte retrouuee et raportee pour fur
icelle fabriquer noftre intention : & pour ce regard fera la ligne propofee denotee par A B, & foit diuifee
en deux parties efgales au poinct C, fur lequel foit erigee la perpendiculaire C D, efgale à C A, & du centre C & de l'interuale C A
foit defcript le demy cercle A D B, la moitié de la circonference :
duquel foit diuifee en cinq parties efgalles par les poincts E F G H
& lors nous prendrons l'vne des cinquiefmes parties du quart du
cercle, comme peut eftre l'efpace H D raportee à l'autre quart qui
fera D I, lors te faudra tirer la ligne H B & I A , lefquelles fe cou-

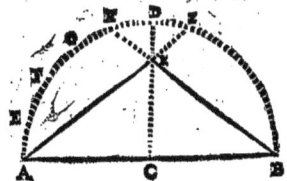

pent

pent au poinct k sur la perpendiculaire c D, lors nous aurons l'angle du Penagone demandé, denoté par ces termes k A B, dont la sustendante est A B, ainsi qu'il est par sa figure
denoté

Il nous est representé la precedente sustendante, pour au dessus d'icelle trouuer vn
poinct lequel serue de centre à la circonference qui a de toucher les extre-
mitez de la ligne proposee, terminent deux angles du Pentagone
composé dedans ladicte circonference.

7

Oit la trouuee A B, & icelle diuisee esgalement au
poinct c, & sur iceluy soit dressee la perpendiculaire c D partie en trois parts par les poincts F & E, & le
poinct F sera le centre demandé de la circonference qui aura
de toucher les angles du Pentagone, dont la ligne proposee
A B est sustendante de l'vn des angles dudict Pentagone, de sorte que la portion de dessus la circonference sera trois parts, &
celles de dessous deux dudict Pentagone.

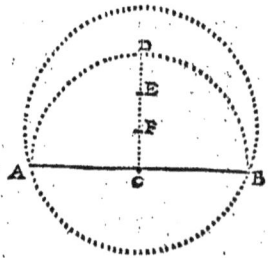

Il nous est proposé vne ligne pour diametre du Pentagone, & sur l'vne des
extremitez d'icelle nous est demandee vne ligne de distance telle
qu'elle nous serue pour l'vn des costez
dudict Pentagone.

8

Oit proposee la ligne A B pour diametre du Pentagone,
& au dessus d'icelle demandons la portion d'vne ligne qui serue d'vn des costez du Pentagone: & pour
ce faire la ligne A B sera coupee en cinq parties esgales par ces
termes C D B F, & du centre A prendrons quatre desdictes parties, & autour du centre A fetons la portion du cercle G C H,
puis repartirons la susdicte ligne A B en quatre parties esgalles,
& de l'vne d'icelles sera posé sur la portion du cercle d'vne
part & d'autre du terme c, & seront faicts le terme I K: puis
sur la ligne proposee & terme B soit faicte la ligne à angle
droict d'vne part & d'autre, tant qu'il sera de besoing, notee L M, & lors pour auoir sa pro-
portion poser la reigle sur le centre A, & trauersant sur la portion du cercle au terme I tant
qu'il sera de besoing. Et à ce qu'elle couppe la ligne L M au terme N, & le semblable sera faict
de A à k iusques à la ligne L M, & sera le terme D, dont la distance N D sera la ligne demandee pour vn des costez du Pentagone, dont la ligne proposee sera diametre.

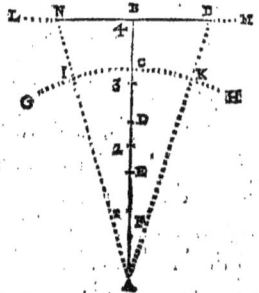

Estant donné vn cercle & vne ligne qui touche la circonference, trouuer ses extremitez, de
sorte qu'elle soit vn des costez du Pentagone dehors le cercle donné.

9

PAr le centre A du cercle donné soit tiree la ligne B C,
& du mesme poinct A soit dressee la perpendiculaire
A D, & par les poincts E F G H, soit partie la circonference B D en cinq parties esgalles, à chacune desquelles soient esgalles D I & I K, & du poinct A au poinct K & F soiēt
tirees les lignes A M & A L, & sera L M le costé du Pentagone qui
se voit descript dehors le cercle donné qui est ce quel'on demā-
doit, & que l'on s'estoit proposé.

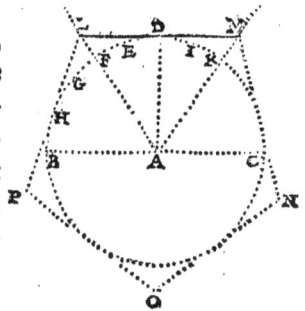

Sur vne ligne donnee descrire vn Pentagone regulier.

10

SOit la ligne donnee A B pour l'vn des costez du Pentagone que nous demandons estre composé sur icelle,
ladite ligne sera couppee en trois parties esgales au terme D E, & sur le milieu d'icelle soit la perpendiculaire
K G erigee tant qu'il sera de besoin. Puis soit l'ouuerture du compas de distance A B, & à l'entour du centre A soit descript la portion du cercle B H, & semblablement à l'entour du centre B soit
la portion du cercle A I. Et à leur intersection soit le terme c,
puis soit prins la distance A D, ou D E, & raporté sur la perpendiculaire, & au dessus de c faire le terme F, & de la mesme distan-
ce au dessus de F faire le terme G, qui sera la cime de nostre Pentagone, prenant l'ouuerture du
compas de la premiere distance A B, & raportant à l'entour du centre G, faire la portion du
cercle H I la où est l'enttecoupe des autres portions des cercles, & aurons la forme du Pentagone comme il se void par ces termes H G I B A.

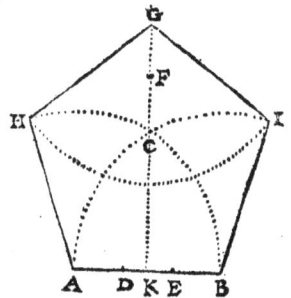

Sur vne ligne donnee former vn Pentagone regulier sans bouger l'ouuerture du
compas esgalé à la ligne donnee.

11

SOit la ligne donnee A B, & du poinct B & de l'interualle B A descrit le cercle C D, & à l'entour du poinct A &
du mesme interualle soit descrit le cercle E F, lesquels se
coupent au poinct G d'vne part sur lequel soit dressee vne perpendiculaire tant longue qu'il sera besoing : & du centre G soit
descrit vn cercle, la circōference duquel coupe la perpēdicular
re au poinct H, & des sections F & D par ledict poinct H soient
conduites les lignes F C & D E, & du centre c soit descrite vne
petite portion de circonference qui coupe la perpendiculaire au
poinct I, & apres soiēt menees les lignes I E, & E A, & I C, & C B, & aurez descrit le Pentagone d'vne seule ouuerture, comme on s'estoit proposé de faire.

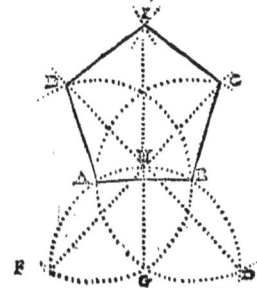

Estant donné vn cercle par le moyen de son diametre descrire le Pentagone.

12

Oit le centre du cercle donné A, & le diametre soit B C, le semidiametre B A, duquel soit party esgalement au poinct D, & soit erigee la perpendiculaire A E. Cela faict du centre D, & de l'interualle D E, soit descripte la circoference E F, & du poinct E, & de l'interualle E F, soit encores descripte la portion de circonference F G, & soit tiree la ligne E G, laquelle sera le costé du Pentagone que demandons lequel trouué, on peut de là mesme ouuerture du compas fournir les autres poincts H I K, & tirer les lignes pour paracheuer vostre figure.

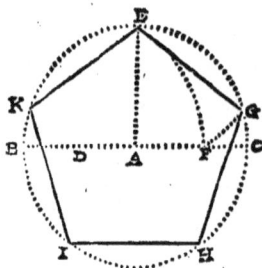

Estant donné vn Pentagone regulier, on peult trouuer vn poinct dedans, qui seruira de centre à la circonference qui a de toucher les angles dudict Pentagone.

13

Oit le Pentagone donné A B C D E, & du centre E, & d'vn interualle plus grand que la moitié de D E, soit descripte la circoference F G, & du centre C, & du mesme interualle soit descripte aussi la circonference H I, & sans bouger l'ouuerture, du centre D, soit descripte la circonference K L, & par les intersections soient tirees les lignes M N, & O P, lesquelles s'entrecouppent au poinct Q, lequel sera le centre que nous demandons du Pentagone, & alentour d'iceluy, soit descripte la circonference de l'interualle Q D, & par consequant doibt attoucher les termes dudict Pentagone regulier, denoté A B E D C, comme en la figure est demonstré.

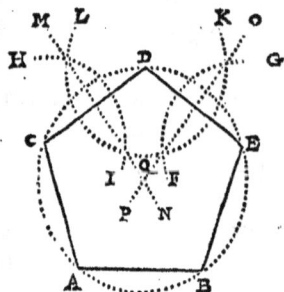

Et venant à l'operation de l'Architecture, comme cy deuant auons promis, soit donnee vne simple trace d'vn Pentagone, & vne ligne de l'interualle, de laquelle faille par dedans faire fondemens.

14

Pres auoir cy deuant donné tous les plus clairs moyens qui se puissent trouuer pour la construction d'vn Pentagone, nous supposons maintenant que suyuant lesdictes reigles on nous donne vn Pentagone & partant descript en vn plan. Et de plus m'est proposee vne distace de la largeur de laquelle on nous demáde faire tout alentour, par dedans des fondemés à esleuer les murailles de ladite figure. Cóme par exemple soit donnee la trace du Pentagone A B C D E, & la ligne F G, de la largeur de laquelle faille par dedans faire les fondemens. Pour ce faire ie descrips au dedans le Pentagone H I K L M, de sorte que la largeur entre les deux costez des figures soit esgale à la ligne donnee G, Et puis ie caue entre les deux lignes tant qu'il est besoing pour soustenir les choses qu'on doibt esleuer.

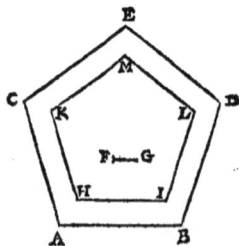

Ayant par la precedente description les fondemens, on donne sur les extremitez de la largeur deux perpendiculaires, de la grandeur desquelles faut sur tous les angles, esleuer des perpendiculaires.

15

Oient les fondemens donnez A B C D E, & H I K L M, & sur la largeur donnee, soient aussi donnees les perpendiculaires F N, & G O. Ie dresse sur les poincts A B C D E, & H I K L M, les perpendiculaires P A, Q H, R I, S B, T D, V L, X M, Y E, Z C, & †k, de la grandeur des proposees à sçauoir F N, ou G O, qui est ce qu'on demandoit pour paruenir à la congnoissance des esleuations de nos suyuantes propositions, lesquelles nous seront demonstrees ensuyuant par reigles familieres.

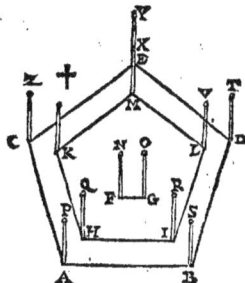

Nous estants donnees les perpendiculaires esleuees sur les fondemens, on propose de tirer de la sommité de l'vne à l'autre des cordeaux.

16

Oient donnees les perpendiculaires A, B, C, D, E, & F, G, H, I, k, esleuees sur les fondements, ie tire de la sumité des perpendiculaires les lignes marquees par poincts, à sçauoir A B, B C, C D, D E, & E A, lesquelles forment la figure d'vn Pentagone, comme clairement se monstre en la trace: Apres ie tire par mesme ordre les lignes F G, G H, H I, I k, & k F, qui en forment vn autre, & tous les deux ensemble forment vne figure entierement semblable aux fondemens proposez, comme se voit en la figure, qui est ce qu'on se proposoit de faire.

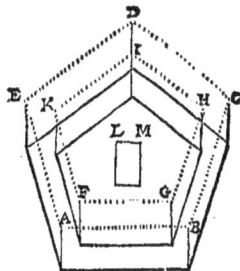

Apres auoir monstré l'ordre qu'on doibt tenir à l'operation de nostre proposition, nous desirons par l'art de nostre Perspectiue, monstrer en desseing ce que nostre œil peult naturellement recognoistre.

17

Oit la figure de la precedente proposition donnee: de laquelle nous voulons discerner les faces que nostre œil descouure par leurs lignes, & aussi celles qui ne se voyent, par les lignes composees de poincts: comme il appert en la presente figure. En laquelle il n'y a rien qui puisse empescher nostre œil qu'il ne descouure trois murailles de dehors, & deux par dedans, & pour ceste cause les trois courtines de dehors, sont marquees par les lignes noires A B, pied de la premiere courtine, & L M, qui est la cime, & la seconde de B C, & N M, l'autre est marquee par les lignes A E, & P L, & aussi leurs perpendiculaires par L A, M B, N C, & P E, celles de dedans sont notees par les lignes k I, I H, V T, & T S, auec la perpendiculaire T I, & le reste du dessus aussi nous est apparent, & partant marqué

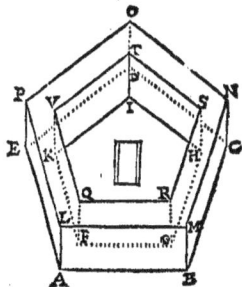

par les lignes noires P O, O N, V Q , Q R, R S, & ce qu'on ne voit point est tout le Pentagone inter-
ne du plan, & les quatre perpendiculaires internes qui sont A F, R O, S V, V K, & l'externe O D, qui
est cause que tout cela est marqué par lignes faictes de poincts, comme le tout clairement se
voit en nostre figure.

Ayant monstré en la precedente proposition tout ce qui est contenu pour son eleuation
à ceste presente, nous voyons ce que nostre œil descoure au
corps de nostre figure proposee.

18

Oit donc la figure qui doibt representer le corps de
nostre proposition, en laquelle voulons monstrer par
lignes ce que nostre œil peult recognoistre en son
corps. Et premierement obseruerons que le pied de la
courtine qui est droictement opposee à nostre regard, auec les
pieds des courtines qui sont aux costez, sont descouuertes à nostre veuë, & partant sont representées par les lignes A B, B C, &
A E, auec les quatres perpendiculaires L A, M B, N C, & P E. Et apres
cela faut considerer aussi que tout le dessus nous est apparant, lequel est tout semblable au fondement, & est marqué par les li-
gnes L M, N O, P L, & Q R, R S, S T, T V, V Q. Et des murailles internes se voyent outre cecy la perpédiculaire T I, & les deux pieds I K, & I H. Et partant sont marquees comme les autres de lignes
apparantes comme voyez en la presente figure. Et ce qui est caché n'a esté icy nostre propos
de le monstrer.

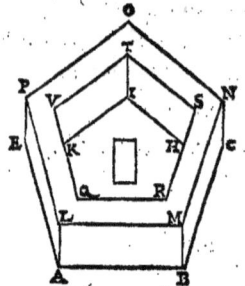

Apres auoir monstré par l'art de Geometrie & perspectiue de representer les corps esleuez,
trouuons que n'estans fournis que de lignes, ne peuuent representer le relief comme la
clarté la doibt faire discerner, parquoy estant besoing de monstrer le
moyen de l'ombrage auons choisi la presente figure, propre
à la demonstration de tel effect.

19

Arquoy la figure que i'ay proposee sera notee K, la forme de laquelle m'a semblé aucunemét propre à cause de
la quátité de ses aisles, laquelle i'ay ombragee selon l'ordre qu'il m'a semblé estre necessaire, pour m'en seruir à nostre figure suyuante, & a vne infinité de courtines aussi s'il vient
à poinct. Et en consideration que la clarté est celle qui nous es-
claircist & donne la cause de discerner l'ombrage aupres d'elle,
presupposant que la clarté nous viét d'éhaut du costé de senestre
nous donnant à la dextre. Ie trouue qu'elle nous illumine no-
stre figure K sur la sommité, à cause qu'aucune chose ne luy empesche. Et aussi en cősideration
de ce qui est en apres le pl' illuminé, ie trouue que la hauteur de l'aisle notee E, est celle laquelle est plus illuminee apres la sommité, à cause qu'elle est la plus inclinee vers ladicte clarté:par-

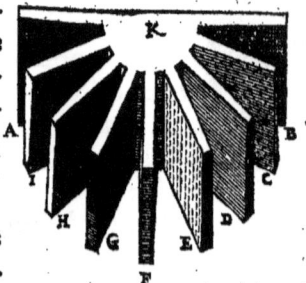

quoy pour son ombrage n'ay sceu prendre moindre reigle que de l'ombrager de poincts. En
apres D, qui emporte vn peu plus d'ombrage, à cause de fuir vn peu plus la clarté, laquelle est
ombragee de lignes simplement. Et c, encores fuyant plus la clarté, est ombragee de simples lignes & semee de poincts. Et B, ou encores A qui nous est à l'opposite de nostre œil, nous sera
ombragee par contre lignes. Et ayant expedié ce que la clarté peut illuminer, reuenant à ɪ, qui
s'aproche plus de l'obscurité, est ombragee par contre-lignes, & semee de poincts, & de ɪ à H,
fuyant encores plus la clarté, nous l'ombragerons par triples lignes, & de H à G laquelle fuit a-
peu pres totalement la clarté sera ombragee de triples lignes, & de poincts, où encores s'il en
y auoit de plus de declinations, s'ombrageroient par quadruples & quintuples. Et pour le regard de la hauteur F, à cause qu'elle est toute opposite de nostre œil, estant sa hauteur perpendiculaire, elle ne monstre ses costez, parquoy ne portent ny clarté ny obscurité, n'estant point
discernees, comme il seroit si la hauteur portoit talu. Parquoy suyuāt icelles reigles, nous nous
en seruirons generalement cy apres, raportant parallellement chaque face là où il nous sera
de besoing g.

Ayant donné l'art de l'ombrage en la figure precedente, laquelle desirons voir en pratique
sur ceste presente figure de muraille perpendiculaire.

20

Oit donc la figure du Pentagone k qui est la sommité
laquelle doibt demeurer esclairee de la clarté, à cause
qu'aucune chose ne l'empesche, comme i'ay dict en no
stre precedente figure k. Et pour le regard des hauteurs de son
corps, & de pouuoir discerner les courtines plus enclinees vers
la clarté, ou vers l'obscurité, nous prendrons pour exemple la
courtine qui est l'opposite de nostre œil, à sçauoir B, & rechercherons en nostre figure precedente sa parallele, cóme sera A ou
B, laquelle nous trouuons ombragee de contre-lignes, & ferons
semblable nostredicte courtine, puis prenant la courtine à
dextre, notee G, & cherchans en la precedente sa parallelle laquelle est notee aussi G, & ha-
chee de triples lignes & de poincts ou quartes lignes, parquoy ferons nostre-dicte courtine semblable. Et par mesme moyen à la fenestre notee x, chercherons sa parallelle à nostre
precedēte, laquelle trouuons ombragee de poincts, & semblablement ferons nostre-dicte
courtine aussi ombragee de poincts. Et poursuyuant iusques à ɪ, rechercherons sa parallelle en
nostre precedēte, laquelle trouuerōs aussi notee ɪ, & contre-hachee & semee de poincts, & ferons nostre courtine semblable: Et puis cherchāt la parallele de D, en nostre precedēte, la trouuons ombragee de lignes simples, & ferons nostre-dicte courtine de la mesme sorte aussi. Et
par tel moyen aurons nos cinq courtines ombragees selon l'ordre de nostre precedente figure, lequel ordre pourra seruir à quelque figure qui sera cy apres, esquelles se pourra trouuer plus
grand nombre de courtines ou declinations, lesquelles chercherons tousiours en nostre figure donnee pour l'ordre des ombrages. En r'apportant tousiours parallellement ou a peu pres, à
cause qu'il se trouuera vne infinité de declinations, & que ie ne pourrois demonstrer tant sur
nostre figure k, sans confusion, parquoy auec nostre reigle & nostre iugement considererons
qu'il n'y a rien plus clair que la clarté mesme, ny plus brun que la mesme obscurité. Parquoy
selon nos operations, iugerons de nous ayder de ces deux extremitez qu'auons dit, comme
nous entendrons plus clairement ensuyuant nos operations.

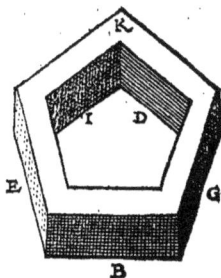

Estant

*Ayant eu la cognoiſſance de l'eſleuation du Pentagone, & deſirant luy donner forme de defenſe, auec ſimi-
litude de baſtions, vous eſt propoſee ceſte preſente figure, et l'ordre de ſa trace. 21.*

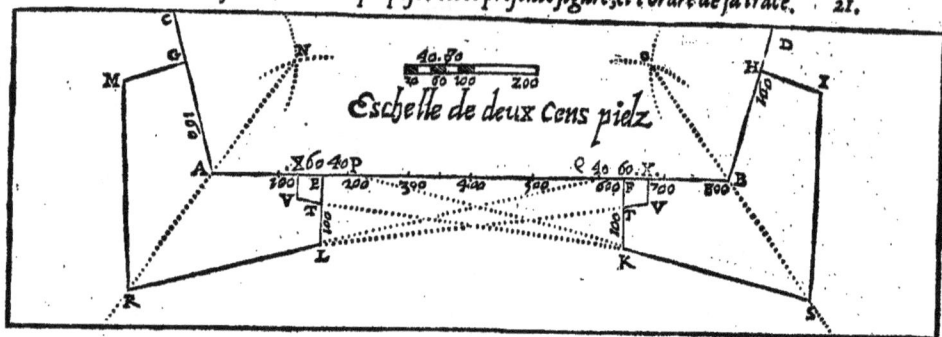

Eſchelle de deux cens piedz

Ntrant en l'operatió d'icelle nous eſt propoſee vne courtine auec deux angles du Péta-
gone, en laquelle on no⁹ demáde la cóſtructió de deux traces de deux baſtiós adioinćts
auſdićts angles, nous contentás d'icelles, attédu qu'ayát la cognoiſſance d'elles, on l'aura de tout le Pentagone. Venát dóc a la praticque, ie propoſe que la courtine dónee ſoit de 800.
piedz, laquelle eſt notee A B, & ſur ces extremitez ſoient donnez les angles C A E, & D B F. Main-
tenát ie prens 160. piedz de A, iuſques à E, pour vn des termes de l'eſpaule du baſtion. Et ſemblablement de B, à F, autres 160. piedz, pour le terme d'vne autre eſpaule. Et ſur leſdićts termes, ie
dreſſe au dehors deux perpendiculaires de diſtance de 100. piedz notees par E L, & F k, & puis
adiouſtant 40. ſur la courtine de E, à P, & auſſi de F, à Q, qui faićt le nombre de 200. de A, à P, &
ſemblablement de B, à Q. Maintenant nous eſt de beſoing de diuiſer eſgalement les angles dó-
nez, l'vn par le moyen de l'interſećtion des deux portions de cercle alentour des centres E, & G,
qui aura eſté rapporté en meſme diſtance que A E, & les portiós de circóference, ſ'entre-coupe-
rót au poinćt N, & lors tirant vne ligne de N, à A, tát qu'il ſera beſoing. Et par meſme moyé a l'é-
tour du centre F, & H, autres deux portions de cercle ſ'entre-coupans au poinćt o, tirerons vne
ligne du poinćt o, au poinćt B, tant qu'il ſera beſoing. Et reuenát aux termes P, & Q, tirerós deux
lignes, à ſçauoir P k, la cótinuát iuſques a trouuer la ligne o B, au poinćt s, & ſemblablement
la ligne Q L, la continuant iuſques a trouuer la ligne N A, au terme R, & pour le regard de la
courtine d'entre les deux eſpaules de E, a F, ſera de longueur de 480. piedz, & les deux eſpaulles
de E, a L, & F k, de 100. & les deux courtines des baſtions L, & R, & k s, ſeló leurs declinations. Et
voulát parfaire la trace de nos baſtiós, prédrós la diſtáce E L, ſera r'apportee ſur G M, & ſemblablemét r'apportee ſur la courtine B D, au terme H, l'autre eſpaule H I, de meſme diſtance que F k,
de 100. piedz de lógueur, leſquelles ſont G M, & H I, puis du terme M à R, tirerons vne ligne pour
l'autre courtine de ce baſtion. Et ſemblablement du terme I, à s, vne autre courtine, pour auoir
la trace entiere de ladićte figure, & d'abondát demandós d'amplifier la force & les defences par
l'augmentation de la trace de noſtredićt plan, en y compoſant des flancs dedans ceſdićtes eſpaules, pour la ſeureté & couuerture, des pieces qui ſerót pour defendre les baſtions a eux oppo-
ſez, & l'ordre ſera tel, prennent la diſtance de 40. piedz, r'apportee ſur l'eſpaulle cómençant
au terme E, & ſemblablemét ſur la courtine tirát vers A, & ſeront faits les termes T, & x, & ſur
iceluy x, ſera la perpendiculaire x, v, de telle diſtáce qu'il ſera de beſoing, puis ſera dreſſee la ligne
du terme k, au terme T, cótinuee iuſques a la ſuſdićte perpédiculaire au terme v, & ſera la diſtáce T v, la profondeur du flanc, & v x, le parapet dudićt flanc, & ſemblablement continuant telle obſeruation, vous aurez l'effect de voſtre intention.

Sur le deſſ[i]ng de noſtre precedente, propoſons d'adiouſter les caſemates baſſes, ou places du canon,
pour la deffence de la fortereſſe   **22.**

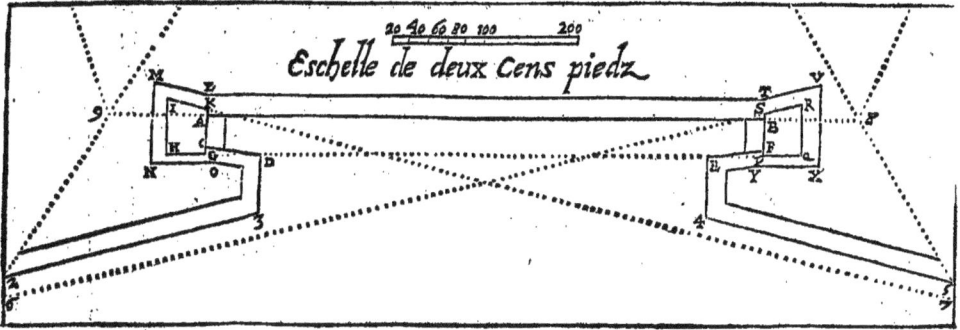

Eſchelle de deux Cens piedz

T partát ſoit propoſee la figure precedente, de laquelle la courtine d'entre les deux baſtions ſoit A B, les flancs & eſpaules côme en noſtre precedente. Nous demádons y adiouſter les caſemates. Et pour ce faire cômencerons au terme A, & prédrons vne diſtáce
de 5. piedz le long du derriere du flác vers k, & la meſme diſtáce r'apportee ſur la meſme ligne
au terme c, ferôs le terme G, & r'aportât à l'autre flanc la meſme meſure, cômençát au terme B,
ferôs le terme s, & pareillemét du terme F, au terme P, leſquelles diſtáces de 5. piedz ſeruent d'eſpaules au canonier. Puis nous reiglát ſur les termes G, & P, tirerons de l'vne & l'autre extremité
les lignes G H, & P Q, vne chacune de diſtance de 40. piedz, laquelle eſt la profondeur de la caſemate, & pour le recul du canô. Et apres dreſſerôs ſur leſdictes extremitez H, & Q, deux perpédiculaires, côtinuees tant qu'il ſera de beſoing, puis dreſſant vne ligne ſur le terme k, ſ'adiouſtant
a la courtine de l'autre baſtion ſon oppoſite, parallellemét tirerons la ligne k I, à la rencontre
de la perpendiculaire dreſſee ſur ledit poinct H, & autant en ferons r'aportant du terme s, par le
meſme ordre tirerons la ligne du poinct s, iuſques à la rencôtre de la perpendiculaire Q, au terme R, & lors auront formé nos caſemates ſuyuát l'ordre de noſtre côception, ſçauoir eſt de largeur par le deuát de G, à k, pour le recul du canô, de c, à H, lequel eſt parallelle à la courtine d'entre les baſtiôs, à cauſe que la piece de ceſte extremité n'a qu'à deffendre ladite courtine. Et la
piece de la déclination de A, à I, eſt pour la deffence de la courtine de l'autre baſtion ſon oppoſite. Et pour le regard de la largeur des fondemens deſdictes caſemates nous continuerons de
O, a N, & de N, a M, & de M, a L, & ſemblablement en l'autre caſemate, comme en la trace du deſſeing on peult clairement veoir & comprendre.

Sur le plan precedant nous eſt propoſé d'eſleuer ſes perpendiculaires, & la repreſentation du talu, enſemble
la continuation de la hauteur des caſemates.   **23.**

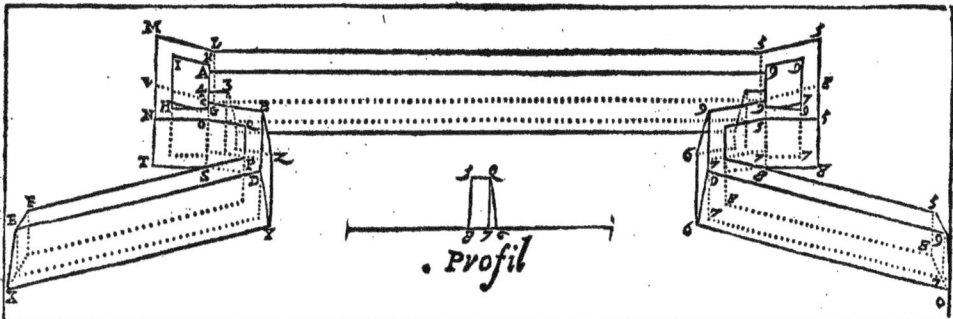

. Profil

Our ce regard il nous eſt propoſé le plan precedāt, & alentour d'iceluy ſoit deſcript le
contenu du pied du talu, puis pour paruenir a l'eſleuation ſuyuant nos precedentes rei
gles nous eſleuerons ſur les angles d'iceluy les perpendiculaires, ſuyuāt le profil cōme
a eſté declaré en nos precedentes, à ſçauoir ſur chacun de ces angles, comme ſe veoit la trace de
dedās, notee par les termes 5. & 8. & celle de dehors par 9. & 7. r aportee chacune ſur ſa chacune, & leurs extremitez ioinctes & aſſemblees, comme par exemple ſe veoiꝛen la ſeneſtre denotee du terme E à D, & de D à B, & de B, à c, pour le dehors de la cime du baſtion, & la cime de dedās
de F, à P, & de P, à Q, & de Q, à R. Et auſſi ſoiēt tirees les lignes de la repreſentation du talu de leur
hauteur, comme ſoit la ligne E à x, & D y, & ſemblablement de B à z. Et pour le regard de la cime
de la caſemate ayant eſleué ſes perpédiculaires, nous auròs la diſtance de c, à o, & de A, à k, pour
la couuerture du canonier. Et la cime de ſa grandeur eſt de o, à H, & de H, à I, & de I, à k, & pour
le regard de l'eſpeſſeur de la muraille au dehors de L, à M, & de M, à N, & de N, à o. Et pour ces
perpendiculaires de M, à v, & de N à T, & de o, à s, & conſecutiuement des autres choſes ſemba-
bles. Et pour le regard du parapet de noſtre-dicte caſemate ſera moins hault de la hauteur de la
muraille, de la diſtance du terme A, à 4, & ſon eſpeſſeur de 4, à 3, portant ſon talu ſelon l'ordre
du talu de nos courtines, adiouſté à la perpendiculaire 9, & 7, & le pied de ſon talu de 7, à 6, &
le talu eſt repreſenté de 6, à 9, lequel nous ſeruira de reigles en tous les endroicts où il nous ſera
de beſoing.

En augmentant l'ordre precedente des ombrages ceſte figure nous eſtant propoſee, laquelle ces faces
par dehors portent talu, on demande l'ordre de l'ombrager ſuyuant ce talu.

2.A.

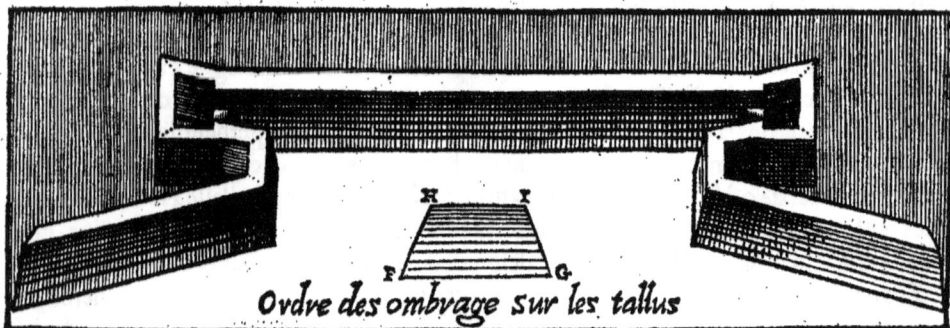

Ordre des ombrage ſur les tallus

N ceſte preſente figure nous eſt repreſenté l'art & ordre des ombrages portant talu,
comme il ſe veoit par les faces de dehors de ce preſent deſſeing, & pour venir a ſon
ombrage, faut conſiderer que le talu ne nous donne l'ombrage eſgal, cōme les hauteurs perpendiculaires font, veu que la declination des hauteurs dudit talu, nous re-
iete le pied plus vers la clarté : parquoy ſuyuant ceſte raiſon nous propoſons la figure F G H I,
pour exemple de l'ombrage, en laquelle (comme lon veoit) auons commencé l'ombrage a la
cime, tendant vers le pied, où peu a peu ſe trouue reduit en clarté. Duquel exemple ſe faut ſer
uir generallement en toutes les faces de dehors de la forterſſe, ſans oublier de conioindre l'art
que cy deuant a eſté donné pour l'ombrage des figures perpendiculaires, comme aux faces du
dedans de ceſte meſme figure vous pourrez encores recognoiſtre.

Reprenant le plan de la precedente l'enrichirons de la largeur de ſon foſſé, de ſa contre-eſcarpe, de ſon
terre-plein, et de leurs talus, enſemble de la figure du Profil de ladicte forterſſe.

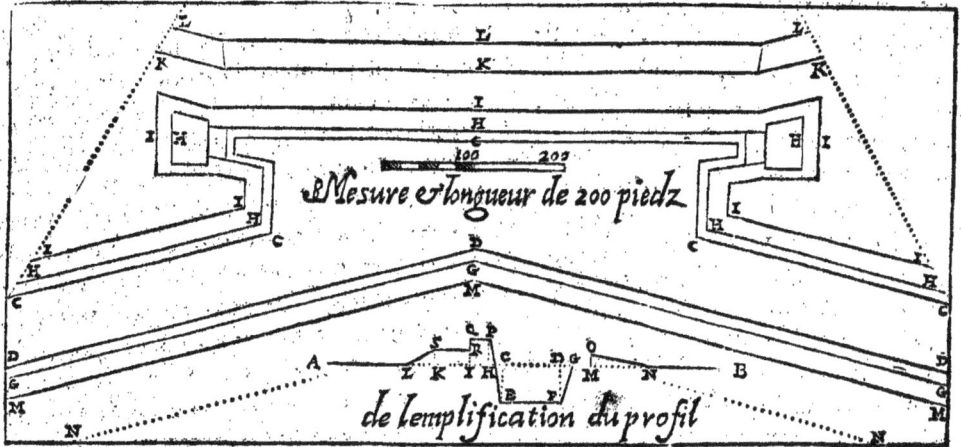

Mesure et longueur de 200 piedz

100　　200

de l'emplification du profil

E plan precedant est noté par les termes C H I, auquel voulât adiouster la largeur du
fossé de la distance C D, tirerons deux lignes parallelles aux courtines des bastions de
ladicte distance, lesquelles continuees feront angle entre les deux bastions, & a icelle trace adiousterons autres deux parallelles de la distáce de D, a G, laquelle represente
le talu de la profondeur du fossé, & apres en tirerons autres deux pour la largeur de la contre-
escarpe de la distance GM. Et pour le regard du terre-plein au dedans de ladicte forteresse sera sa
largeur de I, à K, mené parallellement a ladicte courtine de la forteresse. Et pour le regard de son
talu sera de la distance de K, à L, & toutes les-dictes distances seront prinses par ordre, & r'appor
tees sur vne ligne, comme se veoit en icelle A B, premierement la distáce du talu du terre-plein,
est notée L K, & le terre-plein par K I, & l'espesseur de la muraille I H, & le talu de la muraille H C,
la largeur du fossé C D, cóme il est sur les courtines des bastiós. Et le talu de la hauteur du fossé de
D, à G, & la cótre-escarpe de G M, & le talu de ladicte contre-escarpe de M N, cóme lon veoit r'apporter sur ladicte ligne A B. Et sur iceux termes ie leue des perpendiculaires suyuant les hauteurs
de ma conception, pour former le Profil de nostre-dicte forteresse, declaré par la suyuante.

Poursuyuant la trace cy deuant construite, en laquelle voulons demonstrer ses hauteurs et profondeurs au
dessus et dessoubz de la superficie, comme il appert par la trace de son Profil.　　　26.

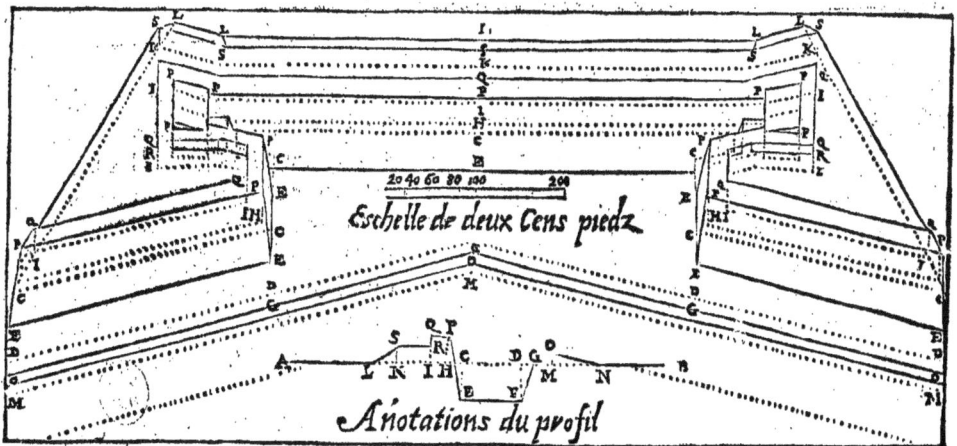

Eschelle de deux Cens piedz

20　40　60　80　100　　200

Añotations du profil

Oulant apliquer sur le plan precedẽt les hauteurs ou drofoudeurs du Profil, selon ma conceptiõ faut noter que ledict plan a esté notté par L K, pour la largeur du talu du terre-plein, & de K, à I, pour le terre-plein, & de I, à H, pour l'espesseur de la muraille ou parapet, & de H, a C, pour le talu de ladicte muraille, & la largeur du fossé de C, a D, en sa profondeur, & de C, a D, pour le talu de la hauteur du dehors du fossé, & de O, a M, pour la contre-escarpe, & le talu de son parapet de M, a N, & augmentant les hauteurs sur iceux termes, mettrons la hauteur de M, a O, pour le parapet de la contre-escarpe, & de B, a F, pour la profondeur du fossé d'vne part, & de l'autre de C, a B, aussi profondeur du fossé, & de H, à P, pour la hauteur de la muraille, & le semblable de I, a Q, & son parapet de Q, a R, & de K, a S, pour la hauteur du terre-plein. Et la superficie de la terre sera representee par la ligne A B, sur laquelle est descripte ceste trace du Profil de nostre-dicte forteresse, comme se peut ainsi declarer, soit la distance de A L, pour representer la place de dedans de ladicte forteresse, & celle de L, a S, le talu & montee du terre-plein S R, & de R, a Q, le parapet de l'espesseur de la muraille Q P, & P B, la profondeur depuis la cime de la muraille iusques au fons du fossé, la largeur du fons du fossé B F, & la hauteur du fossé en son talu F O, sa contre-escarpe O M, son parapet M O, son glacif O N, & la distance N B, pour la representation du plan de la campagne, ou dehors de ladicte forteresse. Et seront ces hauteurs ou profondeurs r'apportees en nostre plan, en mesme distance. Et lors nous aurons l'esleuation de nostre-dicte forteresse suyuant l'ordre de nos premieres conceptions, & l'amplification d'iceux.

Prenant la figure cy dessoubz descripte, laquelle est tiree de sa precedente, monstrons l'ordre de son ombrage suyuant son amplification.

27

N cefte prefente figure nous font reprefentees plufieurs confideratiõs, a fçauoir que comme la diuerfité des declinatiõs des courtines nous apporte diuerfité d'ombrage felon icelle: auffi auons a confiderer que comme ayant plufieurs hauteurs indiferé-tes l'vne de l'autre, comme la profondeur du foffé, la contre-efcarpe, le terre-plein, & la cime de la muraille, lefquelles hauteurs indifferemment efloignees de la clarté nous remet-tent en noftre iugement de confiderer que ce qui eft plus proche de la lumiere eft plus illumi-né, & qui plus la fuit eft plus obfcurci, comme il fe peut commécer a cognoiftre en ce prefent deffeing pretendant en la continue de noftre œuure amplifier de plus en plus la recognoiffan-ce defdictes ombrages auec le iugement defdicts ftudieux.

Apres auoir non feulement monftré l'art et trace des plans des parties principalles de noftre for-
tereffe: mais d'auantage les fleuations fur iceux, voulons à prefent prendre le plan vniuer-
fel de ladicte fortereffe, et fuyuant les mefmes reigles cy deuant
donnees, monftrer l'ordre de
fon efleuation.

28

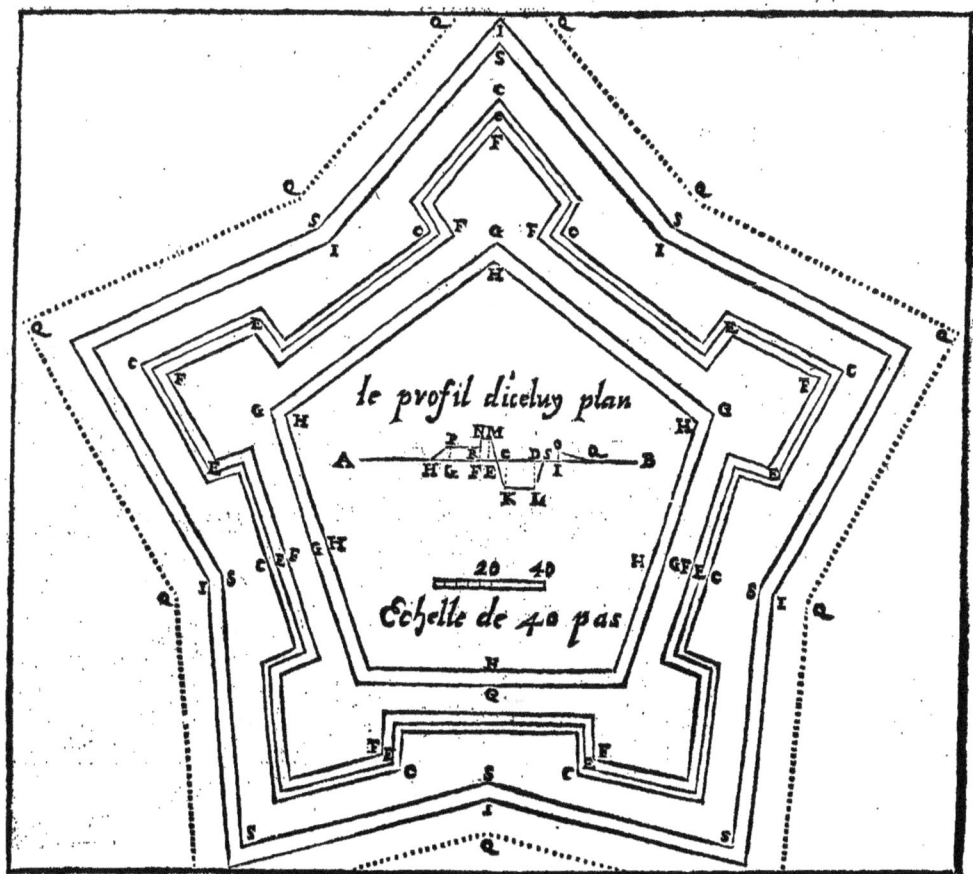

le profil d'iceluy plan

Echelle de 40 pas

POur dóc venir à noſtre entreprinſe, faut en premier lieu ſe ſouuenir qu'apres auoit
deſia donné pluſieurs reigles & façons fort faciles pour la conſtruction de noſtre
Pentagone auec raiſon(principalement.)Ayant cy deuát non ſeulement mónſtré
l'art & trace des plans des parties principales du corps de noſtre fortereſſe, mais d'a-
uantage la maniere des eſleuations ſur iceux; voulons à preſent prendre le plan vniuerſel de ladicte fortereſſe, & ſuyuát les meſmes reigles cy deuant donnees, monſtrer par apres l'ordre de
ſon eſleuation. Ce qu'on pourra aiſément faire, ſe ſouuenant qu'eſtant donnee la figure de la
fortereſſe en forme de Pentagone, nous pourrons par les reigles & moyens cy deuant donnez
pour fortifier vne des courtines , ſuyuant la meſme conſideration continuer ce meſme art en
toutes les parties dudict Pentagone, Comme on pourra clairement veoir aux ſuyuantes traces
leſquelles ſeront fabriquees ſelon le Profil cy demonſtré, tiré des parties dudict plan propoſé.

Suyuant noſtre plan vniuerſel deſcript en la precedente , et ſon Profil tiré d'iceluy,
on veult ycy demonſtrer ſon eſleuation , pour l'addreſſe et guide
de ſondict. Profil.

29.

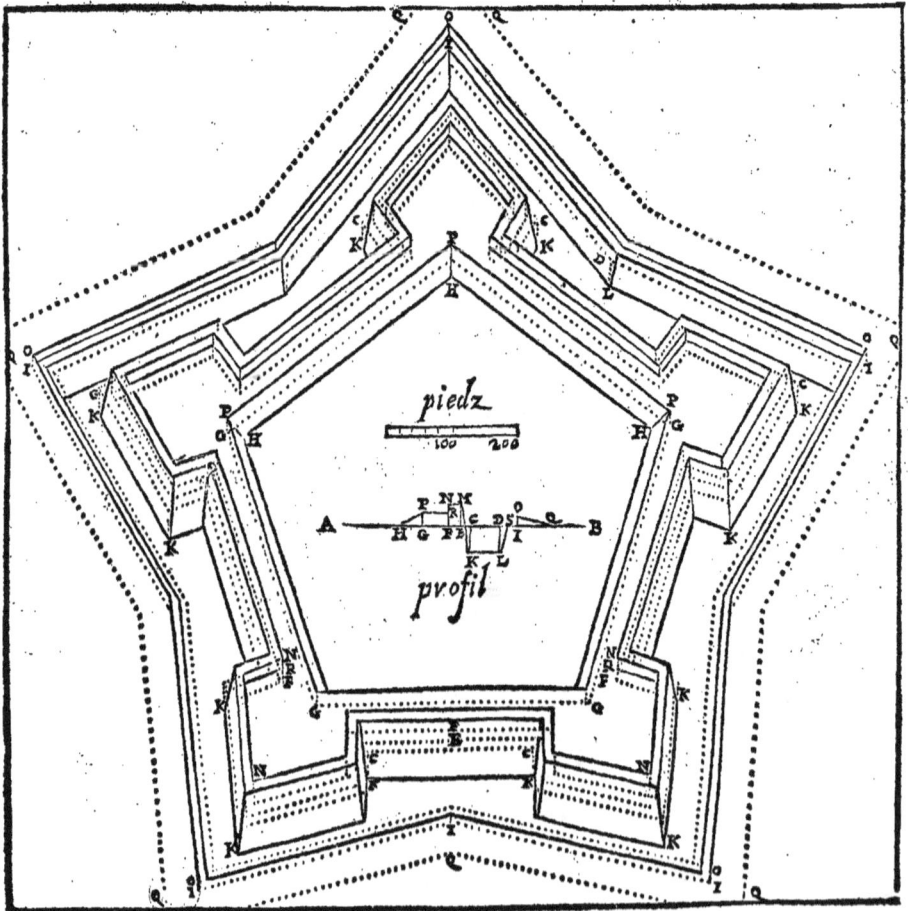

Ntrant en la promeſſe cy deuant donnee, qui eſtoit d'eſleuer ſur le plan de la fortereſſe toutes les perpendiculaires, pour demonſtrer l'eſleuation du corps d'icelle, au deſſus de la ſuperficie de la terre, & ſemblablemēt l'enfonſſure de ſon foſſé, comme par les traces precedentes nous a eſté demonſtré, & encores d'abondāt icy le repreſente le profil tracé ſur la ligue A B, repreſentant la ſuperficie de la terre, toutes les parties duquel ſont icy notees par ces termes, à ſçauoir pour ledit plan H G, pour le talu du terre-plein, G F, pour le terre plein, F E, pour l'eſpeſſeur de la muraille, E C, pour ſon talu, & C D, pour la largeur de la profondeur du foſſé, D S pour le talu du dehors de la hauteur du foſſé, S I, pour la contre-eſcarpe, I Q, pour ſon glacif. Et ſur iceux termes ſeront les hauteurs propoſees, eſleuees ſur noſtre plan, comme ſera pour la hauteur de la muraille F N, & encores E M, pour la hauteur du terre-plein G P, & le parapet de la muraille ſera R N, la profondeur du foſſé, depuis la ſuperficie de la terre, ſera notee par C K, ou D L, la hauteur du parapet de la contre-eſcarpe ſera notee I O. Et ayāt r'apporté icelles hauteurs ou profondeurs ſur la recognoiſſance de ſon plan, & en meſme diſtāce. Et leurs extremitez aſſembleces par les lignes parallelles audict plan, nous aurons la trace de l'eſleuation de noſtre forte-reſſe, comme par noſtre deſſeing facilement on peut cognoiſtre.

Pourſuyuant la demonſtration precedente, nous continuerons l'amplication de ſon ombrage, ſuyuant l'ordre par nous donné.   30.

Pres auoir par cy deuant traicté plusieurs particularitez pour l'instruction & ordre de venir a la cognoissance des fortifications, mon intention à esté de cōmencer par les plus simples particularitez, & peu à peu amplifier pour paruenir à la cognissance des plus hauts effects de nostre-dicte fortification. Et pour ce regard ayant cogneu que lesdictes particularitez n'estoient qu'instructions. I'ay consideré que pour raison du profit & vtilité que l'on desire de r'assembler les fruicts du continuel trauail. I'ay continué ceste presente figure, là où se peut recognoistre les principales parties d'vne forteresse, comme soit de son fossé, de sa muraille, & de son terre-plein, & semblablement de sa contre-escarpe, auec la demonstration de ces ombrages, suyuant ces declinations, & l'ordre de nos precedentes demonstrations. Comme il appert par ceste presente figure, en laquelle sont assemblees les principales parties cy deuant demonstrees, auec l'esperance de l'amplification, comme es suyuantes propositions, clairement ferons cognoistre.

Apres la promesse cy deuant donnee, à scauoir de la claire amplification de nostre-dicte forteresse, pour plus familiere demonstration, donnons icy le plan d'vn bastion de competante grandeur pour discerner auec plus de facilité les reigles de nostre conception, r'apportant toutesfois tout le secours de nos premieres doctrines, et sur l'angle senestre du Pentagone.

32.

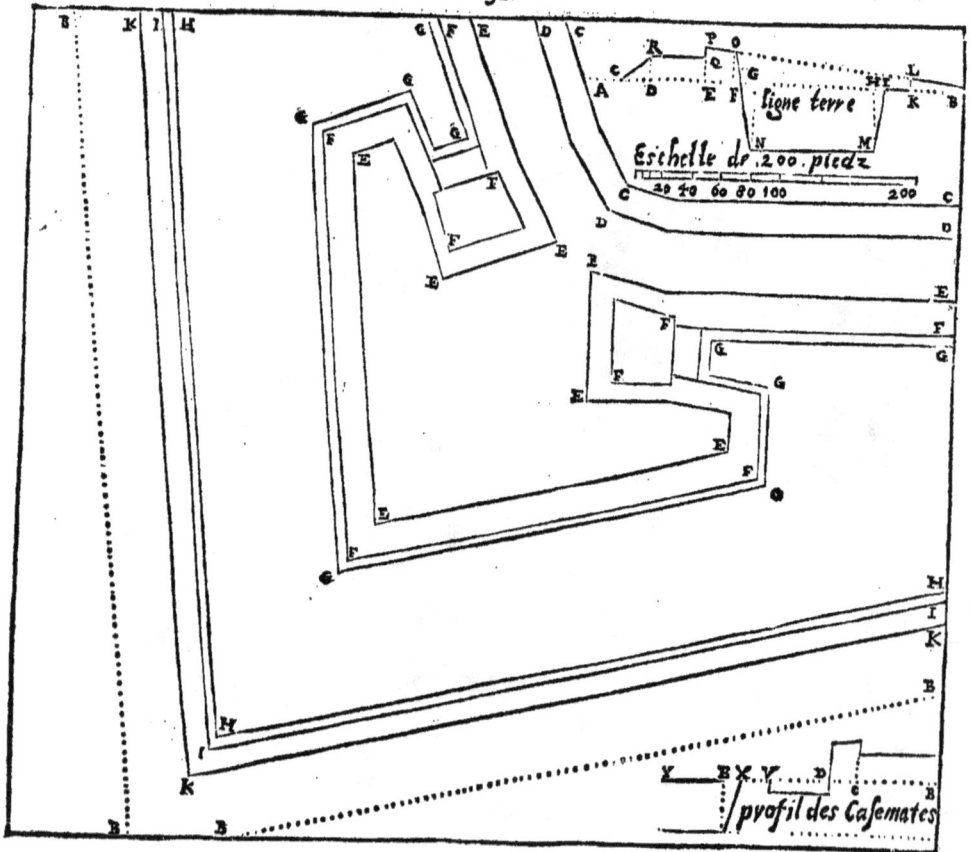

POur paruenir a la cognoiſſance de l'amplification ſuyuant nos propoſitions, apres
toutesfois auoir ia demonſtré les principales reigles d'icelle forterſſe, mais en petit
volume, qui eſt cauſe qu'il m'a ſemblé obſcur pour quelques parties a diſcerner, qui
m'a fait mettre en chemin pour plus claire demonſtration, prendre les particuliers
baſtions de noſtre-dicte forterſſe, comme icy nous repreſente la trace du plan d'vn de nos
baſtions, à ſçauoir celuy qui eſt ſur l'angle ſeneſtre du Pentagone de noſtre premier regard. Et
auſſi ſemblablement nous eſt propoſé ſur la ligne A B, repreſentant la ſuperficie de la terre, les
termes & dimenſions de noſtre plan, notez en premier lieu de c, à D, pour la largeur du talu du
terre-plein, & de D, à E, pour le terre-plein, & de E, à F, pour l'eſpeſſeur de la muraille, & de F à G,
pour le talu d'icelle muraille, de G, à H, pour la largeur en la profondeur du foſſé, de H, a I, pour
le talu au dehors du foſſé, & de I, a k, pour la contre-eſcarpe, & de k, a B, pour le glacif du parapet de la contre-eſcarpe. Et ces termes notez ſur icelle ligne nous ſeruiront pour ſur iceux eſleuer les perpendiculaires, ou enfoncer là où il ſera de beſoing, comme plus amplement entendrons en la ſuyuante propoſition. Et recognoiſſant icy principallement de iuſtement r'apor-
ter termes par termes, & la recognoiſſance de noſtre plan en iceux, comme ſera en noſtre-dicte ſuperficie le terme c, retrouué ſur le plan de noſtre deſſeing, & ſera la trace du dedans du talu de noſtre terre-plein. Et là où ſe trouuera le terme D ſur noſtre plan, ſera la place du terre-
plein. Et où le terme E, ſe trouuera, ſera la trace du dedans de la muraille de noſtre-dite forterſſ-
ſe. Et la où ſe trouuera le terme F, ſera le dehors de ladicte muraille. Et où ſera G, ſera ſon talu. Et
où ſe trouuera H, ſe ſera le pied du talu du dehors du foſſé, & I, pour la hauteur du foſſé, & k,
pour la contre-eſcarpe, & B, pour le glacif: Les diſtáces de ces termes nous demonſtrent les meſures de nos conceptions, leſquelles me ſeroient longues de diſcourir par leurs particularitez,
parquoy me contenteray de la briefueté & addreſſe que ie donne a qui deſire ſçauoir le contenu d'icelles diſtances, les r'apportans ſur l'eſchelle de nos meſures, compoſees de deux cens
piedz. Et trouueront l'eſclairciſſement de ce qu'on pourroit deſirer ſur tel ſubiect. Et parce que
touchant la trace du plan nous en auons clairement donné cy deuant, l'art nous a ſemblé ſu-
perflu de le repeter, attendu que noſtre intention eſt icy de monſtrer la diuerſité des ſituations.

Sur le plan precedant & preſente declaration du Profil, nous eſt propoſé de
demonſtrer ſur les termes d'iceluy plan, les hauteurs & profon-
deurs de noſtre-dict Profil, et lier leurs ex-
tremitez par lignes parallelles
à leur-dit plan.

Ligne terre

Profil

piedz 200

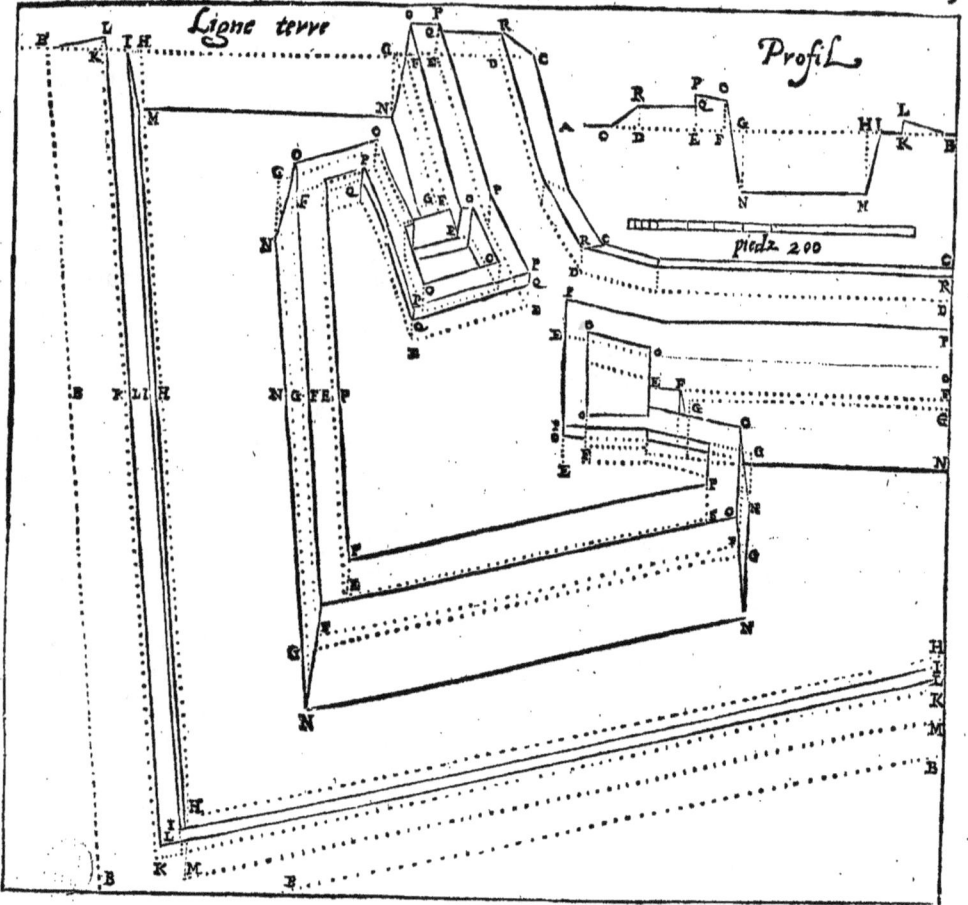

Pres la propofitió precedéte demóſtree, & la declaratió des termes d'iceluy plan ſur la ligne A B, repreſentát la ſuperficie de la terre, ſur leſquels termes formerós noſtre-dict profil, ſuyuant les hauteurs ou profondeurs, ſelon les reigles de noſtre conce, tion. Et partant commençât au foſſé nous aurons la diſtance du terme G, a N, & ſemblablement du terme H, à M, pour la profondeur du foſſé. Et aurons du terme K, a L, la hauteur du parapet & de la côtre-eſcarpe, & finalemēt du terme F, à O, la hauteur au deſſus de la ſuperficie de la terre pour la face de dehors de la muraille, & de E, a P, pour le dedãs de la muraille, & de P, a Q, pour le parapet d'icelle muraille, de D, à R, pour la hauteur du terre plein, de ſorte qu'ē noſtre precedente nous auons declaré les diſtances du plan de nos hauteurs. Et icy les hauteurs & profondeurs. Et finalement dirons la ſuperficie de noſtre-dit profil, laquelle eſt de A, à C, repreſentant le dedans de la place de noſtredite forrereſſe de C, à R, le talu & montes du terre-pleu de R, à Q la largeur du terre-plein, de Q, à P, le parapet de la muraille, de P, à O, l'eſpeſſeur d'icelle muraille, & de O, à N, le contenu & talu de la muraille, iuſques a la profondeur de ſon foſſé, & de N, à M, le fons & largeur du foſſé, de M, à I, la hauteur & talu du dehors du foſſé, de I, à k, la largeur de la contre-eſcarpe, de k, à L, le parapet de ladicte contre-eſcarpe, de L, à B, le glacif dudict parapet, qui termine la campaigne. Maintenant apres auoir donné la declaration d'iceluy profil, pour nous en ſeruir de reigles a eſleuer ſur les termes de noſtre plan, leſdictes hauteurs ou profonditez propoſees, auec la recognoiſſance des termes de noſtre plã pour vn chacun d'iceux r'ap-

porter en noſtre plan chacun en ſon lieu,& ſur chacun d'iceux ſuyuât le profil eſleuer des per
pendiculaires,ou enfoncer ſelon le beſoing,& ſur icelles perpendiculaires r'apporter les meſ
mes diſtáces que noſtre profil nous a engendré, comme il ſe voit en ce deſſeing,prenât la per
pendiculaire o n,dont le terme n,repreſente le pied de noſtre-dicte fortereſſe, & conſecutiue
ment la perpendiculaire h m,dont m,eſt le fons du dehors du foſſé,& la perpendiculaire k l,
hauteur du parapet de noſtre contre-eſcarpe, & f o,pour la hauteur de la face de la muraille par
le dehors,& b p,pour la cime de la muraille au dedás,p q,pour ſon parapet,r d,pour l'eſpeſſeur
du terre-plein.Et ainſi les hauteurs & profondeurs raportees par ordre,& leurs extremitez al
liees par lignes parallelles a leur plan,nous aurons la cognoiſſance & ordre de l'eſleuatió dudi
baſtion de noſtre forterefſe,comme il appert en la preſente trace.

De la figure precedente,ayant pris ſeulement la part que noſtre œil deſcouure,voulons maintenant luy
donner l'ombrage,ſuyuant les reigles & ordre qu'auons cy deuant donné.

33

Vr la capable grandeur de ce deſſeing,& le regart des demonſtrations cy deuant donnees,m'a ſemblé pouuoir clairement diſcerner les parties de cedit baſtion,tât pour reſ
pect de ſa trace que de ſon ombrage:des parties d'iceluy,pour clairement iuger d'icel-

les felon les fites d'iceluy baftion, d'autât que la diuerfité des fites nous demonftrera les differences des ombrages & veuës de chacune de ces parties. Et pour vne claire intelligence de toutes ces chofes m'a femblé expediét de faire les traces d'vne raifonnable dicte grandeur à fin que plus facilement on puiffe auoir claire intelligéce de toutes les parties. Nous nous fommes dôc propofez de reprefenter cy apres vn chacun des baftions, & autres parties des fortifications, & autres demonftrations, fuyuant les angles dès fuyuantes propofitions, pour amplifier le iugement & diminuer les difficultez qui fe trouueroient en vn feul fite. Parquoy r'apportât noftre iugement auec la veuë de toutes fes particularitez, vous trouuerez vos efprits plus prôpts, mefme ayant cogneu en grand volume, & la recognoiffance fort familiere, employant toutesfois de voftre part tel foing & affection que la matiere le requiert & demande.

En la pourfuitte de noftre promeffe nous eft propofé le plan d'vn baftion fur l'angle du Pentagone en la dextre de fa premiere face.

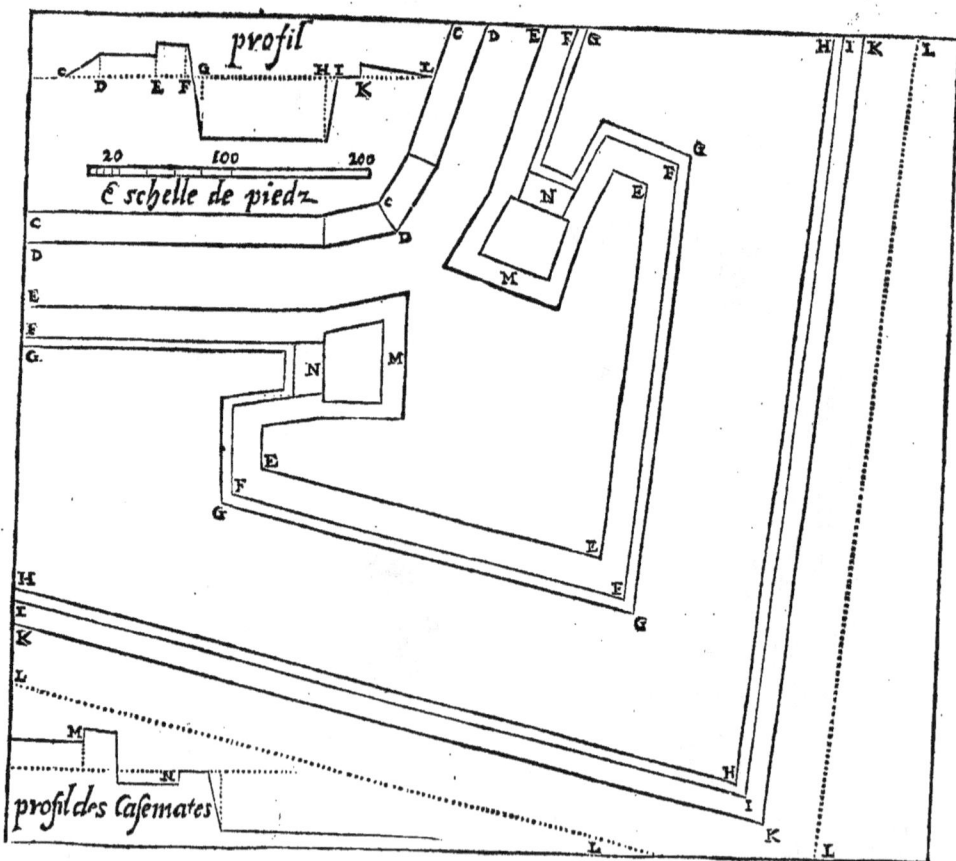

Pres la trace de noftre plâ propofé, no' eft auffi dônee la ligne c L, pour la fuperficie de la terre, fur laqlle font notez to' les termes des diftâces des traces de noftre plan, qui font terminez par ces lettres, à fçauoir c D, pour le talu du terre-plein D E, le terre plein, E F, efpeffeur de la muraille F G, fon talu G H, fon foffé H I, le talu de fa hauteur I K, fa côtrefcarpe K L, fon glacif terminât la câpaigne, lefquels termes recogneus du Profil au plan, & du plâ a iceluy Profil, nous feruirôt de cognoiffance des efcuatiôs, côme il apparoiftra en la fuy-

uáte trace, par l'ordre de son Profil. De pl⁹ nous aurôs a noter qu'en ces termes M, & N, est le parapet de nos casemates, lequel côme en la suyuáte trace par son Profil se recognoistra l'obserua
tion de sa hauteur, & le differát de la hauteur de la muraille de la forteresse a iceluy comme le
tout plus amplemēt és propositiôs suyuátes se cognoistra, & aussi le contenu des dimensions
se retrouuera par la recherche des studieux qui auec leur intellect r'apporterôt vne chacune d'i-
celles distáce, sur l'amplification de l'eschelle retrouueront l'esclaircissement de leurs doubtes
pour le regard de leurs-dictes dimensions.

Sur nostre plan precedant proposé par la cognoissance de son Profil, nous esleuerons ses perpendi-
culaires, et les enfoncerons ou il sera de besoing.

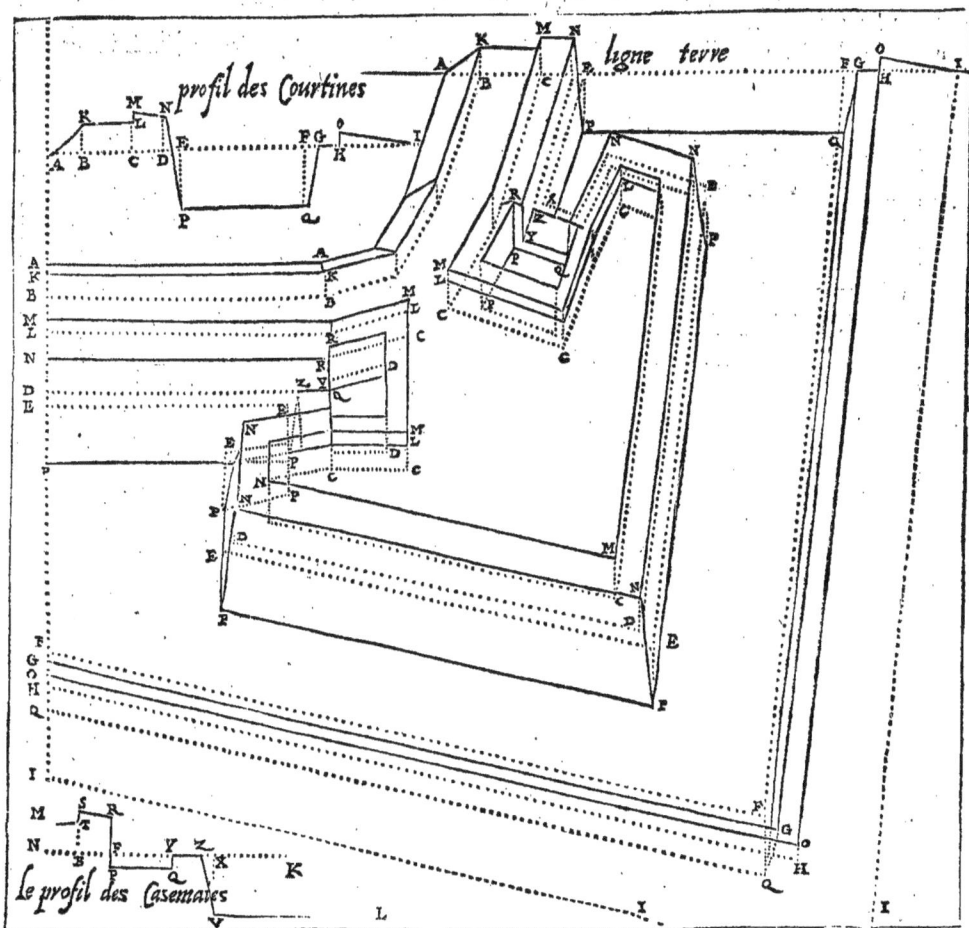

profil des Courtines

ligne terre

Le profil des Casemates

E plan proposé du bastion ioinct à l'angle dextre du Pentagone en sa premiere face
est r'apportee sur la ligne de la superficie, par ces termes A B C D E F G H I, lesquels nous
terminēt les distáces de nostre plan, & sur ou soubs iceux serôt les perpendiculaires,
côme B K, C M, D N, E P, F Q, H O, lesquelles perpendiculaires nous representēt la forme
de l'esleuatiô de nostre Profil, adioincte a la superficie, côme sera A K, pour le talu du terre-plein
K L, pour la largeur du terre-plein, L M, pour le parapet du terre-plein, A M, l'espesseur de la murail
le, N P, la profondeur d'icelle, P Q, la largeur & profondeur du fossé, Q G, la hauteur du dehors

du foſſé, & G H, la contre-eſcarpe & H O, le parapel d'icelle O I, le glacis ou talu du deſſus du parapel de ladite côtre-eſcarpe, toutes leſquelles demôſtrations ſont notées ſur la figure du profil
des courtines de noſtre fortereſſe, leſquels raportez par ordre, terme pour terme, à ſçauoir chacune de ſes perpendiculaires en leurs lieux, & és angles du plan precedant pour former & conſtruire le corps de noſtre baſtion, lequel ſe recognoiſtra par ſes perpédiculaires denotées côme
il ſe voit en leurs annotations, & les ſimes & eſleuations d'icelles ſeront raſſemblees par des lignes paralailles au plan à eux oppoſé, lors pour conſtruire la demonſtration de noſtre baſtion,
prendrons de la ſime denotée N, & deſcendrons au pied des perpendiculaires fondée ſous les
termes E, qui ſeront notées P, & lors tirant du terme N à P, nous formerons les angles de noſtredit baſtion, & conſecutiuement les courtines & parapels, leſquels ſont terminez par M & L,
& les tallus des terreplins par K & A, & les hauteurs des côtre-eſcarpes notées par Q G, leſquelles
adiointes & adiouſtées ne ſont perpendiculaires: mais portent tallu ſuyuant les regles de noſtre
profil, lors raportant le fruict de nos precedentes demonſtrations, leſquelles nous ouuriront
le chemin pour recognoiſtre & diſcerner les lignes leſquelles nous repreſentent la ſuperfice du
corps eſleué de noſtredite fortereſſe, & ſemblablement les lignes côpoſées de points, leſquelles
repreſentent l'ordre qui a eſté tenu en la fabrication & compoſition de noſtredit baſtion, ſuyuant ſa repreſentation: & pour le regard des caſemates nous auons repreſenté le profil d'icelles
pour plus claire intelligence de la diuerſité des eſleuations, lequel nous ſera denoté en ceſte
ſorte, la ligne repreſentant la ſuperfice de la terre ſera notée par N k, ſur laquelle ſera E F, pour
l'epoiſſeur du parapel de la caſemate haute & F Y, pour la largeur de la caſemate baſſe & Y Z,
ſon parapect, & pour le regard de la ſuperfice d'iceluy profil nous noterons de M à T, pour le
dedâs & le maſſif du terreplain, ou bien encores la caſemate haute de noſtre baſtion & T S, ſon
parapet S R, l'epoiſſeur d'iceluy & R F, ce qui eſt eſleué au deſſus de la ſuperfice de la terre & F P, au
deſſous d'icelle P Q, le reculemét de la piece de la caſemate baſſe Q Y, ſon parapet & Y Z, l'epoiſſeur d'iceluy Z V, la profondeur iuſques au fonds du foſſé V L, le plan du fons du foſſé de toutes
leſquelles dimenſions vous aurez la cognoiſſance de leur côtenu, raportant icelle ſur l'eſchelle
des meſures propoſées en noſtre plan precedant, laquelle eſt compoſée de deux cens pieds,
par leſquels pourrezvous eſclarcir des redoutes qui entreuiénent aux curieux de telles louables
vertus, y appliquant de vos iugemens, noſtre deſſein vous ouurira la voye de voſtre delectation
en la recognoiſſance d'iceluy deſſein que ſemblablemét par les ſuyuantes figures, ſur leſquelles
ay reſerué la prolixité des demonſtrations pour peu à peu vous faire cognoiſtre la facilité &
breueté de mon ſetil, & auſſi que mô but eſt que la diuerſité de nos figures n'eſt que pour vous
rompre & addreſſer à toutes ſortes de declinations & conſtructions de diuerſes propoſitions,
& de plus qu'il m'a ſemblé que l'ordre des precedantes repetee pluſieurs fois par l'augmentatiô
de ladite ordre, eſt ſufiſante pour vous donner à entendre la practique & ſetil de mon intétion,
de laquelle la reconfirmation ſera retrouuee en la recognoiſſance de nos ſuyuantes propoſitiôs
& de nos deſſeins les demonſtrations pour leſquels ie ſuplie vos genereux iugemens y apporter du voſtre, & ſuruenir au defaut de la perfection qui y pourroit eſtre requiſes qu'il m'occa-
ſionnera vn ſujet de ioye, quant ie cognoiſtray qu'a mon occaſion ou propoſitions, le public
receura ſecours & vtillité par la conferances de nos labeurs, ie dy labeurs d'autant que la plus
part diſe & ne font, & ſur iceux ne ſe peut que iuger en l'air là où quelquefois les longs ou aor-
nees diſcours de quelque preſomptueux, ſuffoque & engloutices la raiſon parquoy ie conclus
que l'on doit faire eſtat de la practique & experiences d'icelles, ie dy cecy & non ſans cauſe à
qui peut eſtre me taxeroit des meſures & proportions de partie en nos deſſeins ſans preuoir
de plus loin, le but de noſtre intention laquelle la fin de noſtre œuure la declarera.

SVR L'ANGLE DEXTRE DE NOSTRE PENTAGONE ET PAR
les demonstrations precedentes continuer, auons enseigné l'augmentation & ordre des
ombrages sur chacun des corps esleuez, suyuant les diuerses esleuations
& declinations d'icelles forteresses.

APRES auoir mis en pratique les reigles precedentes demonstrees, & ensemble l'obseruatiõ des particulieres lignes representant la superfice du corps esleué de nostre proposition, sur les angles & extremitez d'vne chacune face est pour l'accomplissement des superfices d'icelles faces & figures, adiouterons l'ombrage en l'ordre que nous auons dóné & en nos premieres demóstrations enseignees, lesquelles nous adresseront à la recognoissance d'vne chacune particularité de nostredit corps esleué auec la recognoissance de l'augmentation d'icelles ombrages suyuant leurs declinations & esleuations, lesquelles ferons discerner auec l'intelligence des studieux & amateurs d'icelles recognoissances, les particularitez plus illuminees & enclaintes vers la clarté, laquelle nous faict engendrer à son opposite l'obscurité, de laquelle par la clarté nous sont demonstrees les engendrees & diuerses obscuritez, par lesquelles receuerons quelque contentement à l'œil & soulagement à la delectation des desireux, ausquels la suite & diuersité de nos desseins nous rendra en la practique plus prompts & asseurez à quelque proposition qui nous puisse aduenir suyuant le but de nostre intention, comme recognoistrons en nos desseins curieusement representez & par nous elabourez.

EN CONTINVANT LA REPRESENTATION DE NOS BA-

ſtions ſur chacun Angle du Pentagone, ie commanceray de retrancher les premieres
reigles & ordre de leurs compoſitions, me contentant de recognoiſtre ſur l'Angle
ſenextre de la ſeconde veue du Pentagone, la ſuperſice du corps
eſleué d'vn baſtion à orner & diſcerner par ſon ombrage.

POVR autant que mon but eſt d'emplifier & auſſi eſclarcir ceſte œuure, ie me ſuis
deliberé de retrancher les premieres introductions, & de demonſtrer toute autre
ſuperſice, la repreſentation d'vn baſtion ſitué & compoſé ſur l'Angle ſenextre du
Pentagone, en ſa ſeconde veuë eſt apres toutefois auoir ſi deuant trauaillé à la recherche & cognoiſſance des eſleuations par nos reigles de perſpectiue, dont nous à ſemblé n'e-
ſtre telle recherche inutile : mais vrayement neceſſaires aux ſtudieux de ſes ſciences, & encore
d'abondant, ie deſire pour le contentement de l'œil & des ſtudieux d'icelle, leurs eſclarcir les
eſleuations par l'ombrage laquelle m'a ſemblé tres-vtille, pour faire demonſtrer & releuer les
corps en leurs ſuperſice, toutefois me ſuis deliberé pour la breuiation & repreſentation d'icelle
ſuperſice, dont pour commancer auons adreſſer en la practique de la repreſentation de nos
deſſeins, comme l'œil iugera auec l'intellet des amateurs de ſes ſciences, & la diuerſité des ſituations les rendrons plus prompt & aſſeurez pour l'aduenir en la repreſentation de pluſieurs &
diuerſes propoſitions, qui entreuiendrons au curieux & amateurs d'icelle louable exercices.

NOVS ESTANS CONSERVEZ DE L'ORDRE ET TRACE DES
precedantes, les reigles & bornes de la superfice du corps esleué sur l'Angle dextre de la seconde
venë du Pentagone, à sçauoir les lignes qui nous sont visibles, & representent les
extremitez desdites particularitez dudit corps pour en apres par
l'ombrage discerner vne chacune d'icelles particularitez.

L E S traces de la superfice de nostre bastion seruant de borne à chacune de ses particularitez, nous demonstre que l'ordre donnee est tres requise & vtile pour la representation des corps, mais encore pour la representation & recognoissance des
particularitez, nous trouuons que la clarté & l'obscurité sont necessaires à la recognoissance & composition d'icelle, à sçauoir que les parties plus proches de ladite clarté, sont
plus illuminees, soit pour le regard des plans, & aussi des declinations & hauteurs ou profondeurs, est d'abôdant au rond en recognoissance que nostre œil represente vne seconde lumiere,
& que les corps plus eslongnez d'iceluy nous sont moins recognus, partant participent plus
de l'obscurité que ce qui est proche de nostredit œil, qui nous doit donner adresse & recognoissance de toutes ces particularitez, à sçauoir de la superfice du corps esleué, & de la recognoissance d'vne chacune particuliere partie dudit bastion, & par la recognoissance & adresse
des ombrages, parquoy considerant ce discours auec l'ayde de nos precedentes demonstrations, nous iugerons en ce dessein l'effect de l'amplification : comme encore esperons au suyuantes traces amplifier & esclarcir nos conceptions.

SVYVANT L'ORDRE PROMIS TANT DES CORPS ESLEVEZ
que de leurs ombrages, auec l'amplification d'icelle nous est proposé le dessein du bastion,
composé sur l'Angle de la summité du Pentagone, duquel se cognoistra
l'amplification en son discours.

EN ce present dessein & en la suitte de nos precedents discours, repeterons les principales obseruations, suyuant la representation des corps esleuez, laquelle representation nous est composée de lignes clarté & d'obscurité & de l'engendrement
d'icelle, parquoy recognoissans en ce corps les engendremens d'icelle, nous trouuerons que ce qui porte hauteur ou profondeur, nous demonstrent diuerses obscuritez & le
plan d'icelle, & la diuersité des sites qu'il se trouue, à sçauoir qu'estant plus approchantes de la
clarté sont plus illuminees, & semblablemét les choses plus eslongnees de nostre œil nous sont
moins discernees, parquoy tiénent plus de l'obscurité, toutes ces considerations sont denotees
pour les corps en leur mesme superfices : mais d'abondant auront de considerer l'engendrement desdits corps, hors de leurs superfices pour le regard desdites ombrages, qui est que quelque corps que ce soit pourueu qu'il soit esclaré de lumiere, engendre & accópagne en luy vne
obscurité du tout contraire à celle qui s'opose à la clarté, & vne chacune de les engendrees seront suyuant les declinations de celles qui les engendrera : lesquelles adresses nous seruiront
pour la generallité de quelque esleuation que par nous pourront estre imaginees.

C iiij

En se deſſein ſera l'ordre des flancs & caſemates, ſuyuant les reigles preſentes demonſtree ſur l'Angle d'vne tenaille, enſemble l'augmentation de ſon ombrage.

PRES auoir demonſtré l'ordre & moyen des eſleuatiõs en nos precedétes traces & iuſques à la cognoiſſance des baſtions, ie me ſuis repreſenté en la memoire que ſouuentesfois les lieux à fortifier ſont ſouuent indifferés de ſites, parquoy eſt neceſſaire ſe repreſenter la diformité que les lieux nous apportent, à celle fin de pouuoir ſelon les occaſions remedier., & pour ce regard me ſuis propoſé vne tenaille, laquelle peut eſtre en la nature du lieu, & quelquefois par neceſſité pour pluſieurs occaſiõs qui ſe pourroient preſenter, encores que là où ſe repreſéte icelle tenaille ne ſoit quelquefois les moindres fortereſſes, à cauſe que de ſa nature vne chacune deſdites courtines defent ſon oppoſite : mais encores pour plus ferme aſſeurance de la defence d'icelle, & repreſenter l'ordre & trace d'y former deux caſemates dedans ſon Angle, pour vne chacune d'icelles defendre la courtine à elle oppoſee, le flanc deſquelles prendra ſon ouuerture au côtraire des demõſtrations precedétes, pour couurir & aſſeurer de plus le canon qui a de defendre ſa courtine, leſdites ouuertures des flancs ſe demonſtrent par lignes N & M, leſquelles prouiendrõt du mitan des courtines és termes M, & pour le regard de l'ouuerture du flanc & de toutes les autres particularitez des diſtances ne diſcouru des meſures d'icelles, pour abreger mon diſcours d'autant que ie propoſe l'eſchelle de 200. pieds en laquelle ſe retrouuerõt toutes les dimentiõs de noſtre figure. Et meſme pour le regard des noms deſdites diſtáces, n'ay fait autre diſcours d'autát qu'ils ſuyuent l'ordre de nos precedéts deſſeins, meſme plus vn ennemy voudroit endommager & oſter la defence, & moins fait pour luy ſuyuant la practique de la guerre, icelle tenaille ſe peut enrichir de toutes les parties de ladite fortereſſe ſoit de ſon terre-plein de ſa muraille, de ſon foſſé & de ſa contre-eſcarpe : cõme il ſe peut recognoiſtre ſuyuant les reigles tant des eſleuations que des ombrages, comme eſt demonſtré en ce preſent deſſein.

ICY NOVS EST PROPOSE VNE COVRTINE DE LONGVE

estendue, à sçauoir que la distance d'Angle à Angle, n'est conuenable pour la simple defence de deux bastions, & aussi que la deffence de trois seroit superflue, toutesfois est besoin d'vn secours à chacun d'iceux, & pourtant proposons le secours d'vn rauelin entre iceux deux bastions.

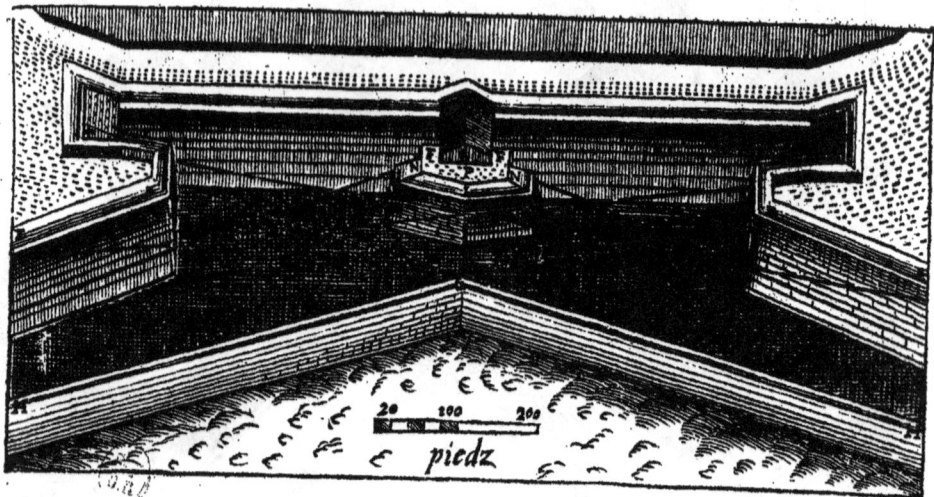

20   100   200

piedz

OVR l'ordre des diuerses situatiós est de besoin estre muny de diuerses defences d'autant que les situations nous apportét diferents subiets, & que là où il y a mediocrité il s 'vse de conuenables remedes, & d'autant que la mediocrité n'est tousiours ferme, ains est accompagnee de deux extremitez à sçauoir de peu ou beaucoup, ce mot de peu est prins en fortificatiós pour les tenailles ou peu de courtines, & l'autre de beaucoup, pour les longues courtines qui ont besoin de quelque secours, partant nous proposons la courtine R S, & au mitan d'icelle desirons former le lieu de deux moyennes pieces, & a couuert pour la defense & secours d'vne chacune des courtines des bastions à elle opposees. Et les casemates des bastions defendront aussi la courtine à elles opposees, & par mesme moyen la face du rauelin & la largeur du fossé, mais en longue tires : qui m'a faict rechercher ce secours l'ordre & trace duquel pour le regard des declinatiós tant des courtines que des faces du rauelin, que de celles du dehors du fossé partira de la casemate T, laquelle descouure la face du rauelin noté I, & semblablemét B E, la courtine du bastion son opposé: la declination de laquelle prédra son origine de la place du rauelin, & pour la largeur du fossé la prendrons sur la pointe du bastion de E à H, & à nostre discretion, & la declination de la contre-escarpe sera terminée de H à T, & là où lesdites lignes T H, s'entrecoupent sera le terme G & G H, seront la contre-escarpe & pour les declinations des casemates du rauelin, denoté O, seront de la ligne partant de l'espaule du bastió son opposé B, & l'espoisseur de la muraille d'iceluy rauelin sera N & I, la place representant son terre-plein P, & la place des pieces denotée O, & ses parapels F, & pour le regard de ses particularitez mesures & distances ne me suis employé à en faire long discours, d'autant que representant l'eschelle de 200. pieds, par laquelle retrouuerez toutes les dimentions de nostredit dessein. Et mesme d'autant que la force ne gist que pour le secours & defence du pied des courtines, comme se peuuent toutes ses parties discerner & en ceste presente figure cognoistre.

NOVS EST PROPOSE VNE AVTRE COVRTINE DE LONGVE
interualle entre ſes deux baſtions, auſquels eſt beſoing de ſecours & pour ce regart, propoſons
au mitan de la courtine & au dedans d'icelle fonder vn caualier, lequel aye
de commander, la campagne ſecourir, les baſtions & foſſez
d'iceux le tout diſcerner par ſon ombrage.

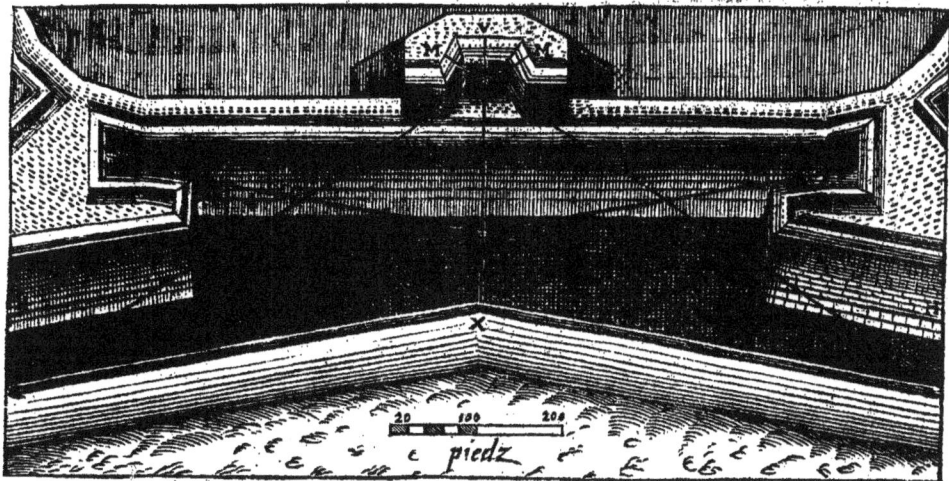

P OV R le regard de noſtre fortereſſe & de la longue diſtáce ou interualle pour la tire
du canó, nous eſt de beſoing vn renfort & ſecours de pouuoir cómander & defendre vn chacun de ſes baſtiós, & pourtát nous auós propoſé au mitan d'icelle courtine vn caualier cómandant la cápagne, & meſmes la forme d'iceluy nous demon-
ſtre que les pieces en leurs ordres peuuent ſecourir le foſſé d'icelle fortereſſe, & dominer les baſtions, comme il appert par les lignes terminees M & G, & autres pieces accommodees comme
ſe repreſente par la ligne V X, pour la defence, & commander la campagne & conſecutiuement l'ordre de la tire des caſemates des baſtions, comme il ſe repreſente par la ligne T H, pour
la defence des courtines des baſtions à eux oppoſees, & la recherche du dedans du foſſé cóme
il appert par la diſtance denoteé H & G, demonſtrant la largeur du foſſé par la trace & demonſtrations des defences deſquelles le caualier n'ocupent ny foſſé ny le dehors de la muraille d'i-
celle forterreſſe, comme ſe recognoiſtra par les lignes & termes retrouuez en ceſte figure, laquelle eſt auſſi enrichie de ſon ombrage, pour plus clere diſtinction de chacune de ſes particularitez, que auſſi pour le plan les hauteurs ou profondeurs comme generallement auons en
nos premiers diſcours denotez les particularitez chacune en ſon ordre. Et comme encores en
ce preſent deſſein, ſe peut honneſtement diſcerner & recognoiſtre l'intention d'iceluy ſur leſ-
chelle de deux cens pieds cy propoſee par laquelle retrouuerez toutes ſes dimenſions : & pour
le regard de ſa forme & declinations, me contenteray des precedentes demonſtrations & de
ce que l'œil peut facilement recognoiſtre en iceluy, & ſemblablement par la cognoiſſance
des eſleuations és traces ſuyuantes, leſquelles vous adreſſerons à la promptitude de telle dele-
ction & diferances qui entreuiennent és ſituations des places, eſquels l'on ſe veut fortifier
pour auoir prompte cognoiſſance, de ce que la nature apporte à ſon ſecours pour s'en ſeruir au
beſoin, & icelle prompte recognoiſſance, pourra eſtre la conſeruation de nos places, & la reputation du los & hóneur dont nous deuós eſtre curieux & amateurs de telle louable reputation.

BRIEFVE DEDVCTION DE L'VTILITE' ET ENERGIE
PAR LA SVITTE ET CONSEQVANCE DE CE DISCOVRS, POVR
la recognoiſſance des particularitez de nos ſuyuantes propoſitions
et ſingulieres amplifications, de nos demonſtra-
tions et figures.

PRES que les eſtudiens de ces ſciéces auront eſté munis de nos premiers rudi-
mens, il eſt de neceſſité que tout homme curieux de la praticque d'icelles, ſe repreſente deuant les yeux, & en la conception de ſon idee, infinies difficultez,
leſquelles comme à la verité, nous apporte l'exercice d'icelles ſciences, tant
pour le regard des ſituations que des moyens employez ou a employer pour
la fortification d'icelles, qu'auſſi des commoditez & incommoditez, que des
fabricateurs, partant le Guerrier recognoiſſant infinis accidés qui peuuent entreuenir en icelles fortifications, ſera muny de la conſideration des extremitez deſ-dictes ſituations, à ſçauoir
des accidens & moyens d'icelles. Et cette praticque luy ſeruira tant pour la deffenſe des lieux,
que pour l'attaque d'iceux : Car (cóme i'ay dict) c'eſt vn grand ſecours d'eſtre muny de la recognoiſſance des lieux forts ou foibles, & de l'augmétation qui ſe peult faire en iceux. Parquoy
pour enrichir l'eſprit aux deſireux de ceſte ſcience, ie leur ay repreſenté icy enſuyant vn bon
nóbre de diuers deſſeings, par leſquels on peut auoir pluſieurs belles intelligences de pluſieurs
riches particularitez. Cóme en premier lieu entrer en la cognoiſſance des addreſſes qui ſe doi-
uent tenir es particulieres parties d'vn baſtion, ou autres parties de forterefſes, à ſçauoir l'entree
des places deſdicts baſtiós, chemins d'vne caſemate à l'autre, ſorties couuertes au foſſé, enſemble l'augmétation de l'ordre precedante amplifiee de pluſieurs particularitez, acheminee par
ordre, comme a eſté telle noſtre intention, par lequel commencerez en diuers Profils de fortereſſes, où ſe recognoiſt l'amplification de la generalité, cóme particulierement recognoiſtrez
en quelques baſtions, les r'enfors d'iceux, & ordre de leurs Caualiers. Et ſemblablement vne
ample cognoiſſance des moyens & retranchemens comme remarquerez en quelque particu-
lier baſtion, lequel recogneu en ſon deſſeing & bien conſideré, vous ouurira l'intelligence de
quelques neceſſaires retráchemens qui peuuent entreuenir aux aſſiegez. Et comme encores en
la diuerſité des courtines nous ſont demonſtrees grádes particularitez, & des moyens deſdicts
retranchemés, comme par ces traces examinerez, & la force d'vn baſtion par ſon Caualier do-
minee, comme il ſe veoit en la ſuitte de ces deſſeings, leſquels ne ſont de moindre conſequéce
que les belles conſiderations qui ſe font en la neceſſité. I'entends belles en l'accidát, pour auoir
par le iugement des operateurs, & la pratique qu'ils ont de recouurer en vn inſtant les moyés
& conſeruations tát de leurs charges, que de leurs aſſiſtans. Parquoy en la veuë de ces deſſeings
conſidererez & y retrouuerez moyens & traces deſquels deuez eſtre muny pour les oppor-
tunitez & occaſions qui entre-viennent és places recherchees d'aduerſaires, deſquelles muta-
tions la neceſſité fera recognoiſtre par vos iugemens, là où ſans le iugement d'icelles mutatiós
ſouuét les ignorans s'eſgarent, qui cauſe la perte d'eux & de leur honneur. Parquoy ie tiens que
quiconque s'exerce en l'art militaire, doibt auoir en recomméd ition de garnir le magazin de
ſa memoire, de noſdictes obſeruations, qu'auſſi la recognoiſſance des ſites & ſituations qui
nous apportét la diuerſité des fortifications, pourquoy elles ſont irregulieres, & leurs defences
inegales, & pourtant iceluy fabricateur ne doibt fonder la ſcience de ces fortifications en vn
ſeul ordre : Mais recognoiſtra en la ſuitte de ces deſſeings quel differant eſt de baſtir en la
campagne, qu'en lieux montueux, mareſcageux, ou vallees, pour ſelon iceux ſites ſe ramparer

& ne faire defpence inutile, d'autant que les moyens en referue font toufiours neceffaires en la fortereffe, pourueu qu'il aye la cognoiffance de ce que peult faire vn tref-puiffant ennemy, & preuoyant à icelles furuenances il n'entrera és fautes infinies qui pourroient furuenir par faute de preuoyance & negligence de la force de leur ennemy: Et partant cognoiffons fouuent que les fortereffes pour quelque bon fite qu'elles ayent, & fortifiees qu'elles foient felon la raifon, nonobftant faute d'hommes de bon iugement, ilz fe trouuent deceuës & mal deffendues, & partant ils f'efgarent en leur intelligences, pour n'auoir l'efprit prompt à recognoiftre ce que la nature du lieu apporte. Parquoy ie dis n'eftre moins de confequence l'entretenement d'vn homme d'entendement en icelle fcience que n'a efté la defpence des fortifications, d'autant qu'en tels accidens qui peuuent entre-venir, vn homme d'intelligence en vaut milles, & milles n'en valent vn. Non que ie vueille dire eftre de neceffité que les hommes que i'entens doyuent eftre verfez à la reprefentation de ces deffeings, ny les fortereffes femblables à iceux: Mais bien ie dis que l'homme d'entendement doibt eftre muny de la praticque d'iceux, & de l'intelligéce des mouuemens, inftrumens, & machines de guerre pour eftre prompts felon l'occurrance à refifter, & fe fçauoir fecourir de ce que la nature vous offre, & vous réd poffeffeur, quand vos iugemens feront capables de fe pouuoir fecourir en la neceffité, pour fe feruir felon les occurrá-ces, par eftre plus prompts que ceux qui n'auroiét que la commune intelligence, d'autant que la claire intelligence nous ameine & achemine à la promptitude de furuenir aux accidens, fans aller efgarément. Comme n'eftant appuyé de certain fondement & de la raifon qui enfle le courage d'eux & de leurs affiftans, quand il y a quelque affeurance que le conducteur és fortifications n'eftre ignorant des remedes & preuoyances, tant des deffences des fortereffes, que de l'attaque d'icelles, & des machines a icelles exercices conuenables: Et me contentant pour le prefent de vous auoir difcouru de l'intelligence de mon aduis, comme auffi des traces de mes deffeings, lefquels bien confiderez retrouuerez en iceux les moyens de f'en feruir en plufieurs occafions. Parquoy tout homme de iugement ne prendra cruëment mon dire, que la defpence feroit exceffiue en quelques endroicts, mais qu'il fe muniffe du fens & intelligéce d'icelle, & f'en ferue où l'occafion fe prefentera, comme mon intention eft telle, & és lieux là où i'auray ceft honneur d'eftre employé, ie feray de mefme: Et qui conferera auec moy me trouuera en difcours de la praticque par laquelle on trouue la refolution que l'on doibt fonder en foy, par la Theorique fur laquelle ie me fuis appuyé pour me rédre plus ferme & affeuré contre vne in-finité d'accidans qui entre-viennent aufdicts exercices de l'homme genereux, auquel ne man-quera iamais fubiet de f'efprouuer & fe rendre affeuré de ces conceptions, pour ne fe deceuoir foy-mefme en ces imaginations, qui caufent quelque fois de grâds accidens, & pertes infinies & dommageables: parquoy ne trouuerez eftrange fi en mes efcripts recognoiffez ce mefme ftil, d'autant qu'à efté telle mon exercice. Ce pendant ie prie Dieu que receuiez ces aduertiffe-mens, d'auffi bon cœur comme ie les vous prefente, & en faciez voftre profit, au foullagement de voz places & de vos Bourgeois & Con-Citoyens, & a la conferuation des Prouinces & Re-publicques.

LE GOVVERNAL

APRES LES PRECEDANTES DEMONTREES IVSQVES A LA
cognoiſſance du Pentagone, où nous auons parlé des principales parties d'icelles fortereſſe,
nous nous ſommes propoſez encore d'adreſſer à pluſieurs petites particularitez
comme il ſe cognoiſtra au plan cy apres demonſtré : & encores
en ces preſents profi's des courtines, & enſemble des
caſemates clairement diſcerner.

D'Autant que noſtre intention à touſiours eſté d'emplifier & eſclarcir la cognoiſſances & perfection de ceſte œuure, il m'a ſemblé que pour quelque particularitez feroit bon & ſuyuant l'ordre precedentes demonſtrees, de repreſenter le profil des courtines de noſtre fortereſſe de conuenable grandeur, enſemble auſſi le profil des caſemates eſquelles traces & deſſeins ſi pourront dicerner, les adiointes & commoditez du ſoldat que i'ay ainſi demonſtré a pluſieurs fois pour euiter à la confuſion : comme il la paroiſtra en ces preſentes traces là où nous ſont repreſentez iceux profils, deſquels ne repeteray long diſcours à cauſe des precedentes declarez. Mais me contenteray pour quelque particularitez que cy apres i'entens de demonſtrer, parquoy ayant en la memoire l'ordre des precedentes, nous noterons icy ſimplement ces petites cōmoditez & adioinctes qui ſont notees par ſes termes V, pour l'eſcalin & marche pied du parapet du terre-plein deſdites courtines pour la commodité du ſoldat, & encore la cime de la muraille D T, & ES, ſera diſpoſee à niueau, commodité de poſer l'arquebuſe, puis denoterons le cordon d'icelle fortereſſe, lequel ſera au niueau de la hauteur du parapet de la contre-eſcarpe, ou peut eſtre encore au deſſus, & ſelon l'eſleuation de la fortereſſe qui ſe fera ſelon la ſituation d'alentour. Et la muraille au deſſus du cordon peut eſtre à plom ou peu de talu, & le talu de la muraille ſera terminé depuis le cordon tirant au fonds du foſſé, & paſſens outre retournant ſur la contre-eſcarpe au terme O, ſera vn eſcalin ſeruant de commodité au parapet de ladite contre-eſcarpe. Et n'eſt icy en ces petites particularitez beſoin de long diſcours, d'autant que la practique ja deſclaree, nous donne l'adreſſe de la repreſentation d'icelle aux corps eſleuez, cōme encore il ſe peut clairement cognoiſtre auec l'intelligence que ja on a imprimé en la memoire pour conceuoir l'intelligence d'icelle, tant des courtines que des caſemates conduites & adreſſees auec l'ordre de leur meſure, comme il ſe trouuera par leurs proportiōs retrouuee & cognues en l'eſchelle preſente de ce preſent deſſein, là où pourez vous eſclarcir des hauteurs ou profondeurs propoſee par noſtre conception, leſquelles hauteurs vous ſéront plus familieres en iceluy, qu'il ne pourroit eſtre en la repreſentation qu'il vous ſera faite des corps eſleuees, d'autant qu'en ſi petit volume eſt dificile, & caſi impoſſible de pouuoir diſcerner les proportions pour le regard des hauteurs & largeurs que noſtre conception vous à deſclarez & enſeignez par nos precedantes traces & ſuyuantes propoſitions, & en la pourſuitte d'icelle receuerez contentement & emplification de noſtre intelligence, par la reueue du deſſein ſuyuant la ſouuenances & recognoiſſances des particulieres paitie des precedantes, de l'augmentation & emplification des preſentes demonſtrations, recogneue par ſes annotations, & ſur l'eſchelle pour le regard des meſures & proportions, toute leſquelles choſe nous dōnerons contentement & adreſſes des pourſuyuantes, leſquelles ie delibere nous repreſenter par noſtre deſſein, l'augmentation de mes conceptions en la pourſuitte de la perfectiō requiſe en l'art des fortifications, la practique deſquelles nous eſt tref-vtile & neceſſaires pour le ſecours & ſoulagement des curieux & amateurs de la conſeruation de la poſterité.

ligne respresantant la superficie   de la terre

Ligne   terre

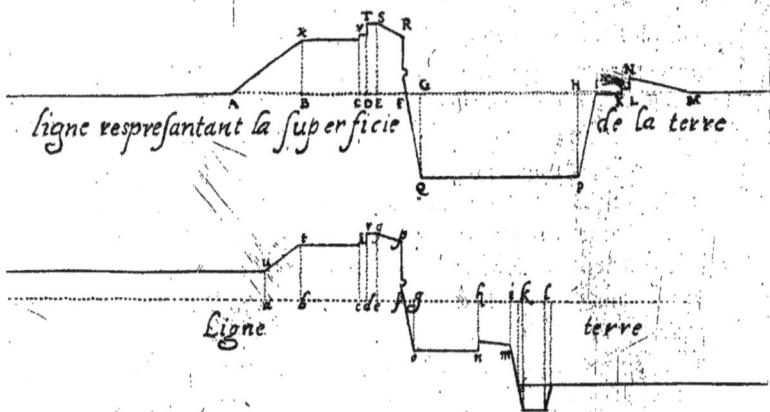

Le profil des Courtines

ESCHELLE DE PIEZ 200

Le profil des Casesmates

LE
GOVVERNAIL
D'AMBROISE BACHOT
CAPITAINE INGENIEVR
DV ROY.

Lequel conduira le curieux de Geometrie en perspectiue dedans l'architecture des fortifications, machines de guerre & plusieurs autres
particularitez y contenues.

Imprimé à Melun soubz
L'auteur.

Et s'en trouuera aussi en son logis ruë de
seine du fauxbourg S.Germain des
Prez, à la croix blanche à Paris.
M. D. IIC.

Estant donne le quarre ABCD et sur le
poinct E milieu de AB dresser vne perpen
diculaire tant haute quil sera besoing
trouuer en elle vn poinct duquel par
tant deux lignes vers la basse AB
continuée facent vn triangle equi
lateral esgal au quarre donne

Estant donne le quarre ABCD et
son coste BD continué tant quon voul
dra, proposant vn poict en iceluy
tiver vne ligne dudit poinct laquel
le rencontrant l'autre coste continue
face vn triangle escalene esgal au
quarre donne

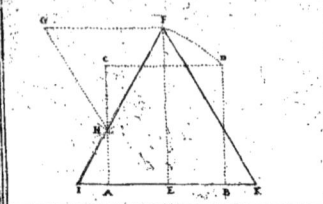

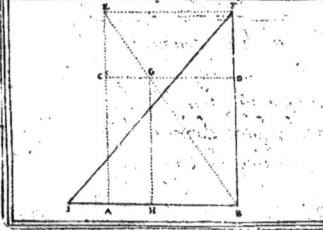

Il m'est propose la superficie dun quarre
duquel lon me demande den tirer vng quarre
moindre et de scauoir le contenu du reste en
vng autre le quarre est ABCD celuy qui a aité
tirer et EAFG et la portion qui rester est le
quarre HIKE comme il se vait en lope
ration d'iceluy.

Il m'est propose vng quarre de cotes et
d'angles esgaux lequel est noté par AB
CD et semblablement m'est propose la
longueur de la ligne CE et sur icelle lon
demende vn parallelogramme aigal
en superficie au carre proposé le pa
rallelograme et HICE comme il se uoit

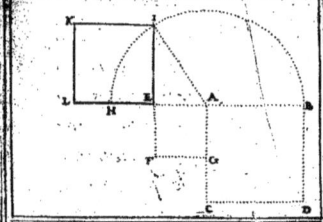

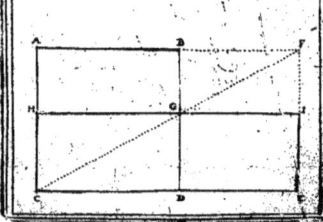

Moyen de quelque ligne droicte proposée quefe soit la reduire à vngquart
de circonference au contraire des
reductions des circonferences a
lignes droictes la ligne proposée
est notée par A·B & la ligne pro-
uenente pour cart de cercle & M O N

Dedans le quarre quiet enuelope de
dans la circonference trouuer la propor-
tion dune ligne la quelle contienne vng
des cotes du carre quil doict contenir autent que la circonference fu
perficiellement la ligne trouuée et
notée par B et G ou bien par B et H

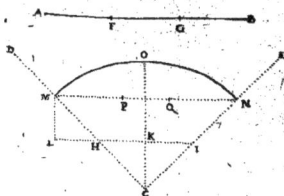

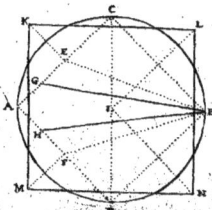

Dedans vng triangle pro-
posé & dung poinct donne
en lune de ses faces tirer
vne ligne qui le defcarte
en deux pars egalles

De quelque triangle que
cesoit en faire vng tri-
angle droict qui est lan-
gle de leguierre Conte-
nant aultant Superficiellement

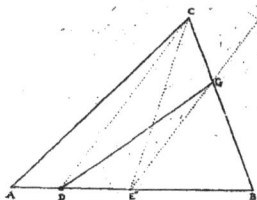

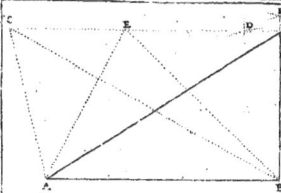

LA PRACTIQVE DV TRIANGLE SON EGAL

Du triangle Equilateral CAB descrit sur le
coste trouué AB, pouuons facilement tirer
un autre triangle equilateral esgal en
Superficie au propose et par consequent
en costes: ainsi quil apert par l'industrie de la presente trace

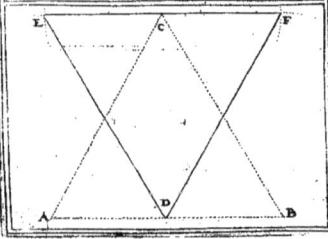

LA PRACTIQVE DE GEOMETRIE

Du quarré EFCD, descrit sur le coste
trouué CD se peut tirer Vn triangle
Equilateral esgal en superficie audit
quarre et son coste sera esgal au coste
trouué AB, ainsi quil est apert par
cette presente trace

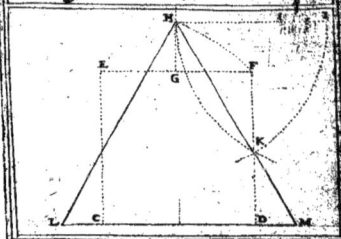

LA PRACTIQVE DE GEOMETRIE

Du pentagone IGEFH, construit Sur
le coste trouué EF pouuons tirer Vn triangle
equilateral esgal en capacité audit pentagone et Son coste sera esgal au coste
trouué AB, comme il est manifesté par
la Suiuante trace

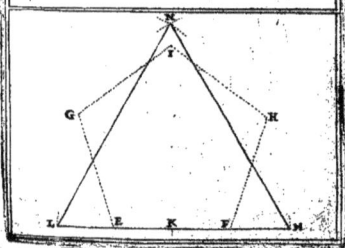

LA PRACTIQVE DE GEOMETRIE

De le xagone LMGHIK construit Sur le coste
trouué GH se peut tirer Vu triangle equilateral esgal en Superficie au dit exagone
et Son coste sera esgal au coste trouué AB
ainsi quest monstré par la Soubscripte figure

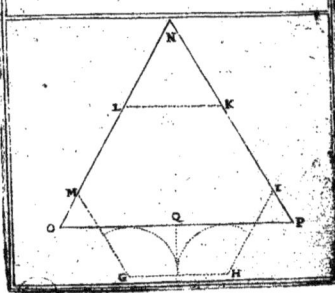

Du triangle équilateral CAB descrit sur le
coste trouué AB, pouuons facilement tirer
un autre triangle equilateral esgal en
Superficie au proposé et par consequent
en costes : ainsi quil apert par L'industrie de la presente trace

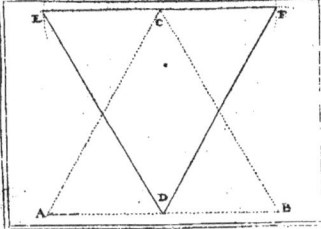

Du quarré EFCD, descrit sur le coste
trouué CD se peut tirer Vn triangle
équilateral esgal en superficie au dit
quarré et son coste sera esgal au coste
trouué AB, ainsi quil est apert par
cette presente trace

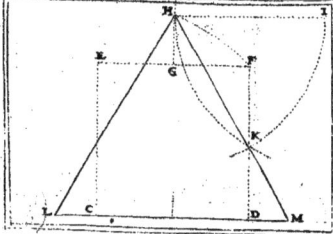

Du pentagone IGEFH construit Sur
le coste trouué EF pouuons tirer Vn triangle
equilateral esgal en capacité au dit pentagone et Son coste sera esgal au coste
trouué AB, comme il est manifesté par
la Suiuante trace.

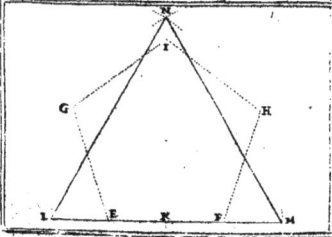

De l'exagone LMGHIK construit Sur le coste
trouué GH se peut tirer Vn triangle equilateral esgal en Superficie au dit exagone
et Son coste sera esgal au coste trouué AB
ainsi qu'est monstre par la Soubscripte figure

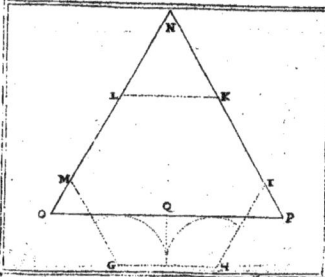

Ayant tire quatre quarres esgaux des figu
res reguliéres et par conséquent ensemble leur esgalité
Maintenant pour enrichir nre intentio de uariété
de traces necessaires ainsi quauione dessus
promis tierons dicelles quatre pentagones les quelz
Se treucrōt aussi dicelles esgaulx et prumierement
du triangle ABC cetire le pentagone esgal en su
perficie à celle du dit triangle ainsi quil est
euidemment monstre par la trace presente

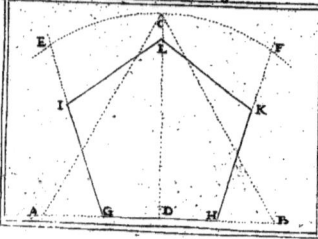

Estant proposé le quarré ABCD Se
tirera facilement diceluy un autre
pentagone esgal en capacité audit
quarré come par la trace ci de
soubz on peut cognoistre.

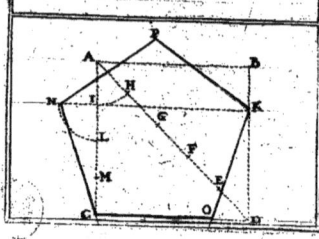

Estant Semblablement proposé le
pantagone ABCDE Se tirera diceluy
Un autre pentagone qui lui Sera en
Superficie esgal ainsi que facilement
monstre la trace ci deSoubx

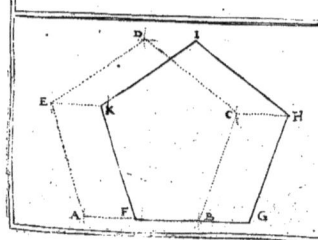

Nous estant aussi Done lexagone GH
IKLM tirerons diceluy le pentagone NO
PQR esgal en superficie du dit exagone
ainsi que l'artifice de la trace le
demonstre

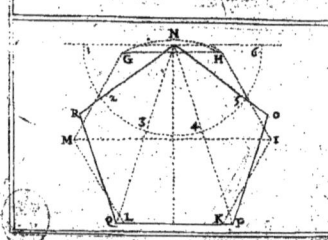

Apres auoir tire les quatre triangles equilateres des figures veguliexes et par lux egalite monstre celle des
dites figures, maintenat poursuiuât nře propos tire-
rans des mesmes figures quatre quarres lesquelz se
truueront de costes esgaulx soit donc premieremet
propose le triangle CAB duquel comme on voit
en cette trace Se tire le quarre OPMN esgal
en superficie a celle du triangle

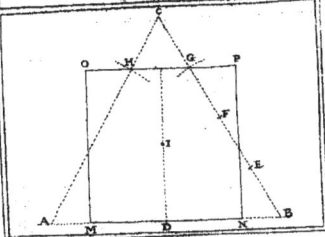

Soit aussi propose le quarre EFCD, duquel
se tirera un autre quarre en capacite
esgal au Sus dit ainsi quapertement
est monstre par la trace si desoubz

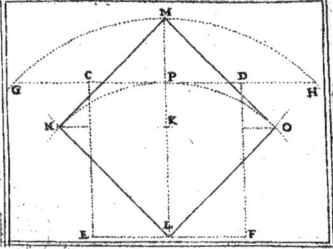

Estant Semblablement propose le pentagone
IGEFH pouuons tirer diceluy un quarre
en superficie esgal a celle du dit pentagone come voyes en la Suiuante fabrique

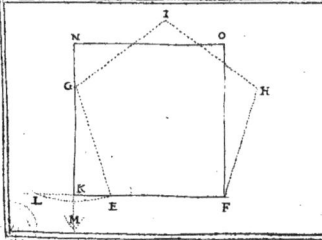

De l'exagone MKGHLN se tire aussi un
quarre esgal en capacite aud exagone ainsi
quon peut cognoistre par la descripeiõ si desoubz
figurée le coste duquel est esgal au coste trouue
CD come Sont aussi ceulx des trois precedetz
ce que confirme l'esgalite des dites figures regulieres

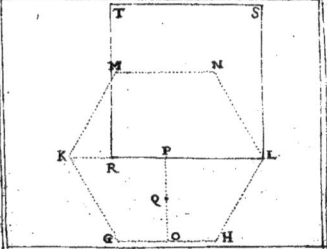

Maintenant qu'auons monstré vne facile maniere de faire les quatre angles,
qu'auons proposé en nre premiere pposition
si nous coupons noz quatre lignes donnees en
parties esgales pour faire de leurs pieces les
quatre premieres figures rectilignes regulieres par
le secours des precedentes traces trouuerons que,
combien que les faces de leurs circonferences soient
esgales toutesfois leurs capacites seront inegales,
Parquoi voulons demonstrer en traçant les quatre
cotes des dictes figures lesquelz seront inegaux
et les angles aussy inegaux Toutefois
les superficies quelles bornevont seront
esgales comme il se pourra comprendre
par les demonstrations si apres mises

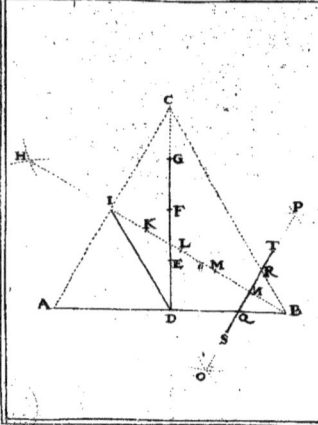

Pour donc mieux recognoistre les
quatre costes des quatre premieres fi=
gures rectilignes regulieres, trouues
par l'artifice de la prece dente face
les auons voulu marquer en ceste autre
figure sans superfluite de letres, à sauoir
celuy du triangle par la ligne AB,
celuy du quarre par CD, celuy du pen=
tagone par FE, et celuy de l'exagone par
GH, Comme encores desoubz la figure
voyes separe'ement notes par mes=
: mes letres

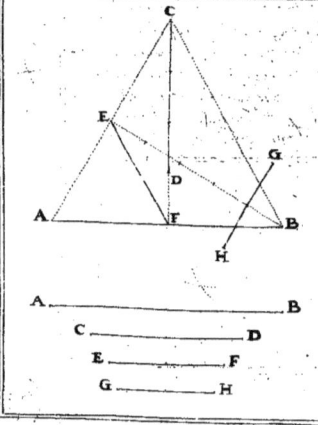

Moien de reduire lẽ triangle equilateral en vng paralelograme
contenant aultant Superficiellement qne led triangle

Reduire le paralelograme en
vng quarre parfaict afcauoir
de coſtez & dangles egaulx

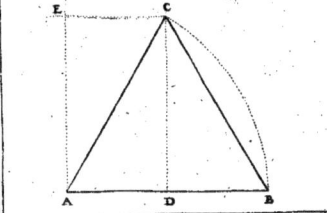

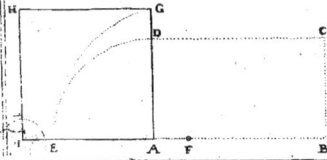

Reduire le quarre de coſtez &
Bangles egaulx en vne circonferance Contenant aultant Superficiellement que le quarre propose

Dedans la Circonferance trouuer vne ligne droicte laquelle
contiendra vng des coſtez du
quarre quil doibt contenir et
aultant que la Circonferance
proposée

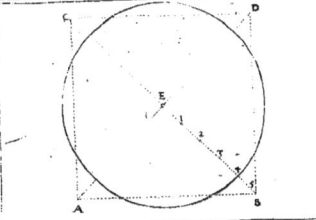

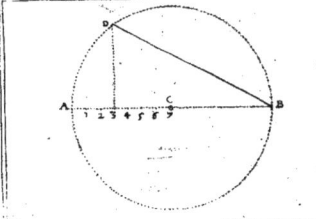

Soit donc maintenant prins le
costé A B, et sur iceluy descrit
le triangle equilatéue A B C,
par la premiere proposition
du premier d'euclide.

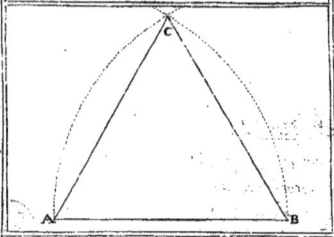

Soit aussi prins le costé C D, Sur
lequel Soit descrit le quarre H
I C D, par la 46e du premier
liure d'euclide

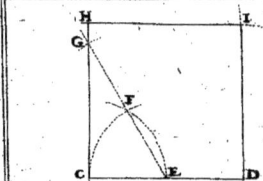

Soit prins aussi l'autre costé E F,
sur lequel soit descrit le pen=
tagone. O N P E F, par la 10. et 11e
propositions du quatriesme
liure d'euclide

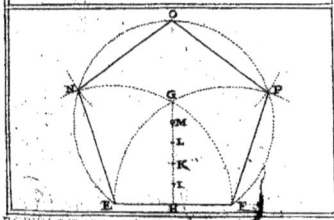

Soit aussi finalement prins le costé
G H sur lequel soit descrit l'exagone
L M N H G K par la 15e proposition
du quatriesme d'euclide

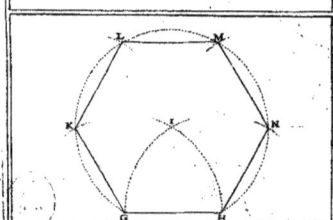

Et premieremeñt du triangle ABC tirerons le cercle decrit Sur le centre G la Superficie duquel se truuera esgale a celle du dit triangle ainsi quon peut aisement colliger de la trace ci desoubz

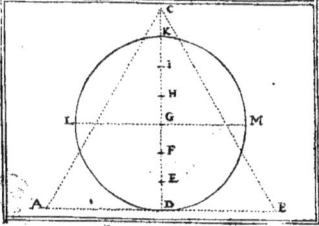

Et Semblablement du quarre CDEF tiverons le cercle descrit Sur le centrez la capacite duquel Sera esgalle a celle dudit quarre come par la figure ci desoubz on peut facilement Comprendre

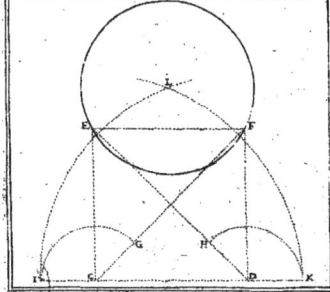

Et pareillement du pentagone HIEFG tirerons le cercle descrit Sur le centre P la superficie duquel se truue esgale a celle dudit pentagone ainsi quon peut Comprendre par la trace si desoubz figurée

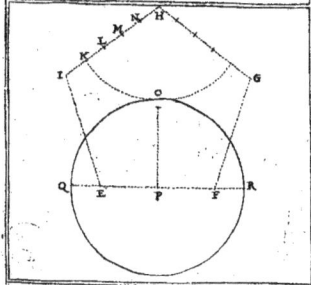

Comme aussi de l'exagone LMGHIK se tire le cercle descrit sur le centre V l'espace duquel est esgal a celuy dudit exagone come lon peut colliger par la figure ci desoubz

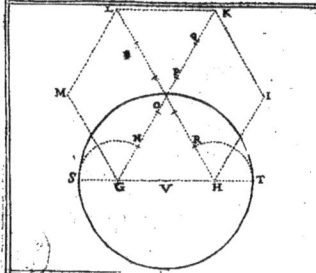

Soit donc maintenant prins le
costé A B, et sur iceluy descrit
le triangle equilatere A B C,
par la premiere proposition
du premier d'euclide.

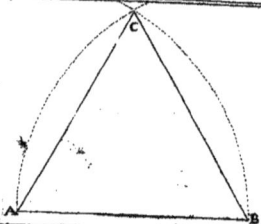

Soit aussi prins le costé C D, Sur
lequel Soit descrit le quarre H
I C D, par la 46e du premier
liure d'euclide.

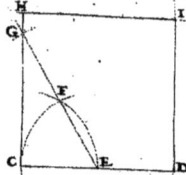

Soit prins aussi l'autre costé E F,
sur lequel Soit descrit le pen=
tagone O N P E F, par la 10 et 11e
propositions du quatriesme
liure d'euclide

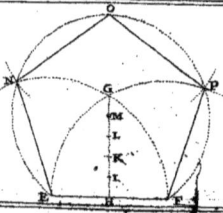

Soit aussi finalement prins le costé
G H sur lequel Soit descrit l'exagone
L M N H G K par la 15 proposition
du quatriesme d'euclide

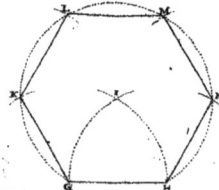

Maintenant a pres auoir monstre les
galité des quatre figures regulieres, Suiuant toutes les sortes d'entrelassemens
possibles tant pour donner quelque ouer-
ture sur l'amplificatio et usage de la Geo
metrie comme aussi pour vendre ceulx qui
se delectent aux fortifications rompus et assures
a toutes sortes de traces Auons bien Volu oultre
cecy monstrer l'art et Industrie de tirer des
dites figures regulieres quatre cercles de
diametres esgaulx et au contraire des quatre
cercles esgaulx monstrer le moyen de retirer
nos quatre figures regulieres, descrites et cons
truites sur nos quatre costes inesgaulx trou
ues par l'artifice qu'est monstre en la figure
triangulaire ci deuant donnee par une inuentio
a sauoir le coste du triangle AB celuy du quarre CD
celuy du pentagone EF et celuy de lexagone GH les
quelles sont esgales aux ditz cercles ainsi que distin
tement il apparoistra en la Suite des traces
suiuantes

Soit proposee la ligne AB coupee esgalement
au poinct C sur lequel soit pose le pie du com
pas et de la distance CA soit descrite la por
tion de circonferance AD et trasposant le pie du
compas sur B de la distance BC soit faicte l'intersection D de laquelle soit tiree la ligne DC laquelle
est esgale a la CB et constituent un angle esgal a ce
luy du triangle equilateral come on cestoit propose faire

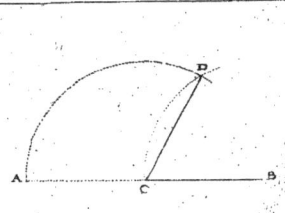

Soit donnee la ligne GH coupee esgalement
au poinct I sur lequel soit mis le pie du compas
et de la distance IG soit descrite une portion
de circonfevence et du poinct G et du mesme
interualle G I en soit descrite un autre lesquelles
s'entre couprent au poinct K duquel soit tiree la
ligne KI laquelle sera esgale a la IK et font
l'angle KIH esgal a l'angle de lexagone
ainsi comme on l'auoit entreprins

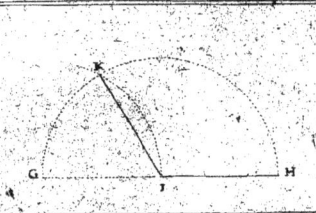

Estant propose quatre lignes esgales auons
sortir de leurs milieux autres quatre esgales
aux moities des donnees lesquelles consti
tuerot auec les dites moities quatre angles
diuers ascauoir celuy du triangle equila
tere, du quarre du pantagone et celuy
de lexagone on le voira es traces suiuantes

Familiere demonsstration de
reduire la circonference à une
ligne droicte pour par icelle à
voir la congnoissence de la lon
gueur de la circofevence étendue
la quelle est notée par I est K

Par nos demonsstrations pre
cedentes et la figure suiuente
trouuer une parallelogramme
esgal a une circonferenee pro
posee comme le parallelogramme
CL ou encores le parallelogramme OD

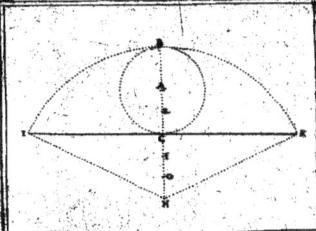

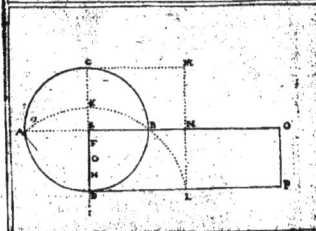

Moyen facile et par belle
Industrie de reduire la quar
te partie d'ung cercle en une
ligne droictes comme elle et
notee sur la ligne H est B

En continuent les reductions
des circonferences a lignes droi
te nous aurons pour redution
de la demie circonference la
ligne droictes notee par I est K

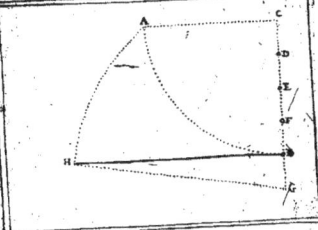

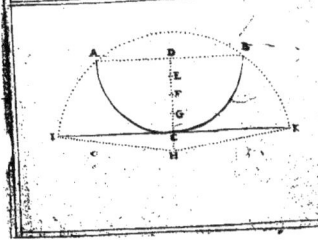

Sur la figure triangullaire, partye des
Copvs regulliers, en la tournant ve-
gullierement en toutes les sortes a moy po-
sible Je nen ay trouue que de six situations
les quelles say mises en plantz et profilz
geometricques. et sceux tirés en plantz et
profilz perspectifz renuoient les lignes
au poinct principal par lart industrieus
de la perspectiue. en tirent du plat perspectif lignes perpendicullaires. et de son profil lignes a niueau. J'au rencontr dicelles
de termes pour termes se voit formée la
figure triangullaire en son Copvs racour-
cy. Industrye qui aporte agreable util-
lite Comme il Ce pourra Connoistre, par
les six figures qui sensuiuent

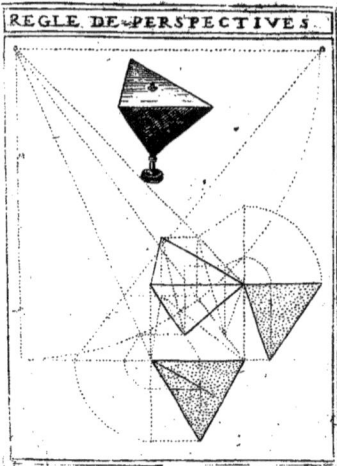

REGLE DE PERSPECTIVES

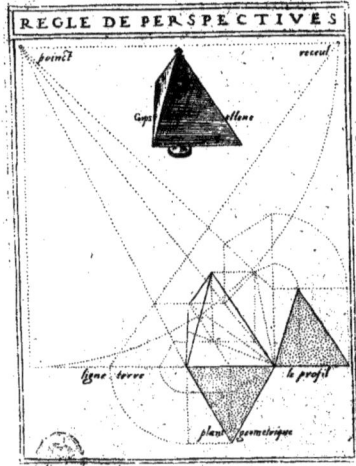

REGLE DE PERSPECTIVES

En poursuiuant la demonstration de noz
Corps Regulliers en leurs Perspectiue Jay
pris le Cube ou Carre le tournant Ui
vant en toutes les facons a moy possible
Et nay trouue en Jcelluy que six situatious
differantes & regullieres Les quelles ay
mises en leurs plantz & proffilz geome
triques Et di ceulx tires leur plant & prof
filz perspectifz Puis par lignes perpendi
cnlaires et lignes a niueau Jay trouue en
leurs rencontres la figure du Corps el
leue par lindustrye de legallite & ellon
guement de loeil Fondement prin=
cipal de la perspectiue Comme Jl
se congnoistre en la Recherche
des six figures suiuantes

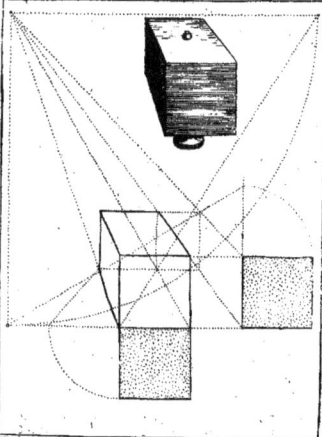

REGLE DE PERSPECTIVE

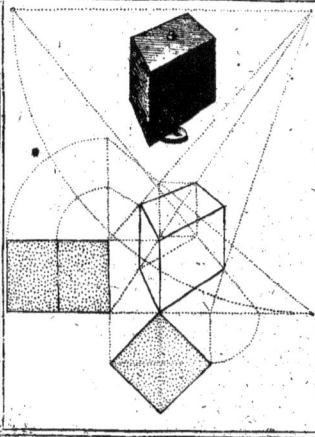

REGLE DE PERSPECTIVES

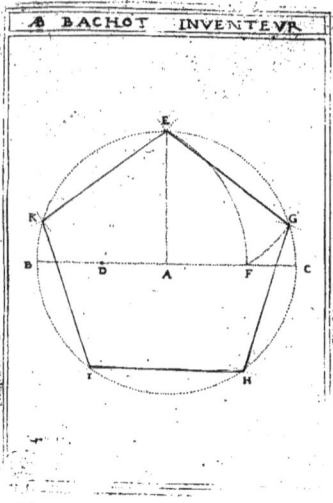

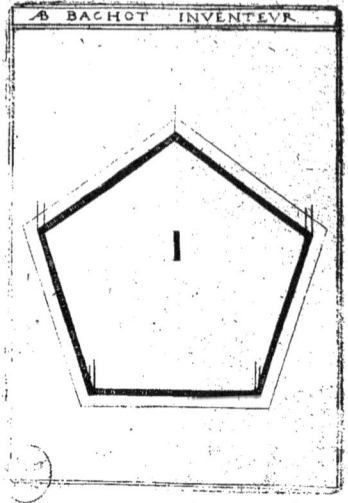

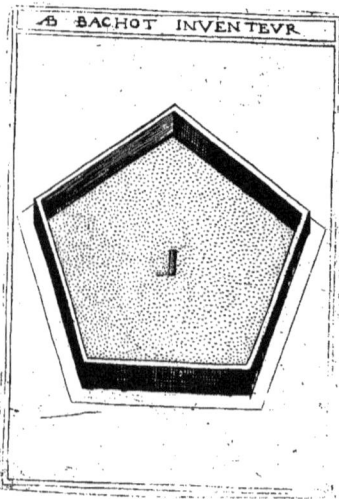

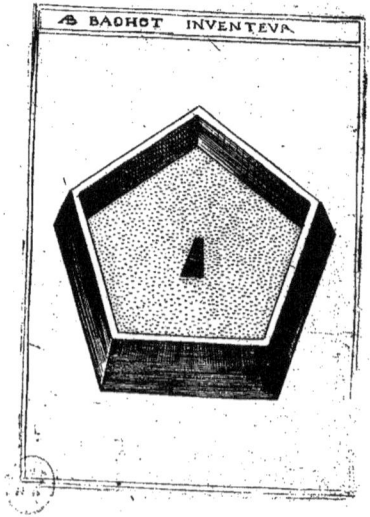

REGLE DE PERSEPECTIVES

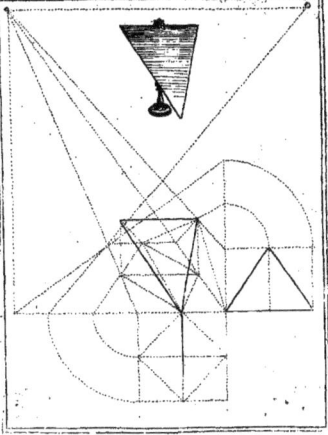

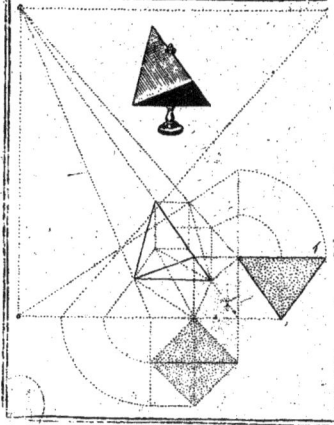

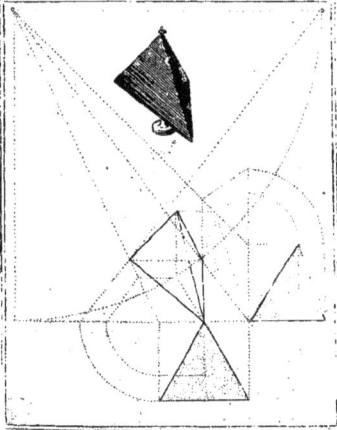

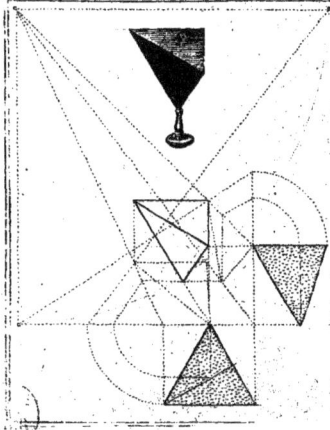

REGLE DE PERSPECTIVES

REGLE DE PERSPECTIVES

REGLE DE PERSPECTIVES

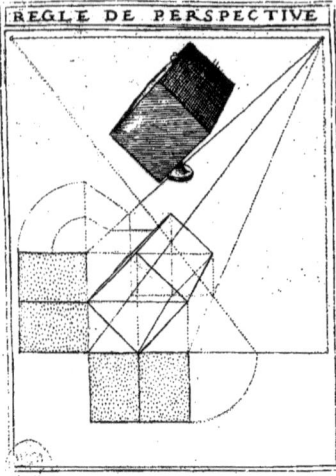

REGLE DE PERSPECTIVE

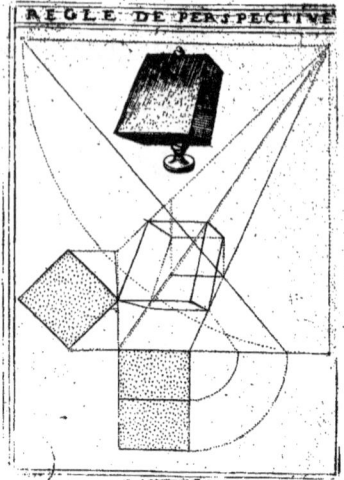

REGLE DE PERSPECTIVE

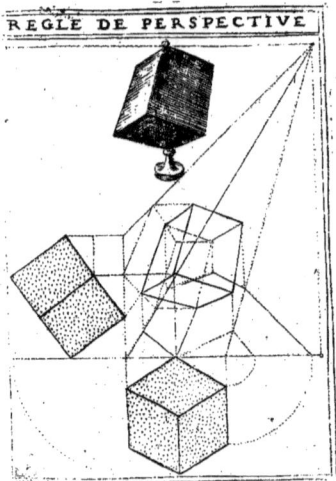

REGLE DE PERSPECTIVE

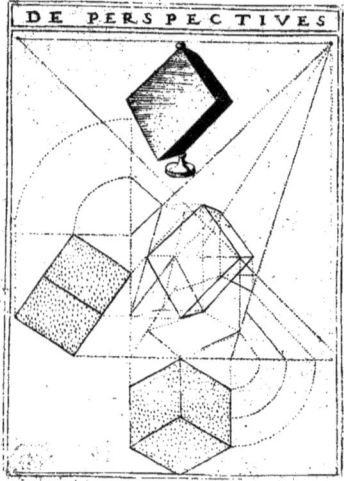

DE PERSPECTIVES

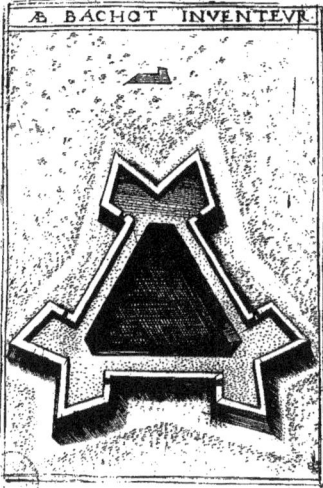
Æ BACHOT INVENTEVR

PROFHILE NL DIFERANE DE FORTERESSE

Eschelle de pieds 200

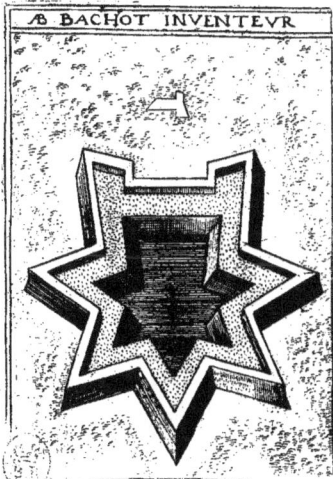
Æ BACHOT INVENTEVR

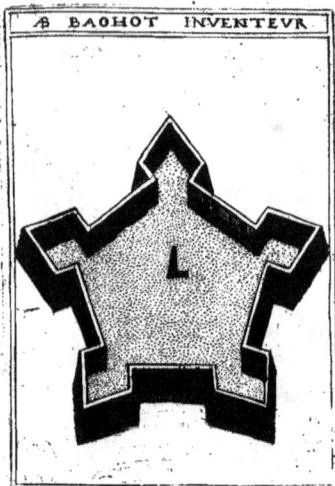

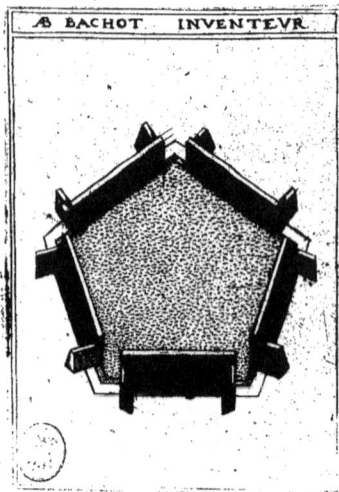

Ponte de molti pezzi de legni restretti con due corde con l'argano

PRIMO MODO DI FORTIFICARE LI TRAVI DELLE CASE CIVILE

F. Mordente Inuentore,
B. Bachot Fecit & Excud

SECONDO MODO DI FORTIFICARE LI TRAVI DELLE CASE RVSTICHE

Primo modo di fortificare li traui per le mura & le ciuile

L. Bachot exc udebat

APPLICATIONE ALLI PONTI CVRVI

Mordente Inuentore.
Bachot Fecit et Excud.

Aplicatione alli Ponti Retti Ciutti

Mordente Inuentore.

Primo modo di fortificare li traui per le muraglie ciuile

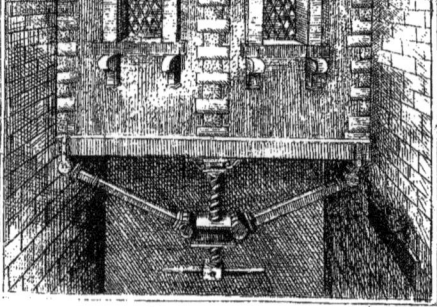

Primo modo di. fortificare li traui per le muraglie Rustiche

Secondo modo di fortificare li traui per le muraglie Rus

Secondo modo di fortificare li traui per le muraglie Rustiche

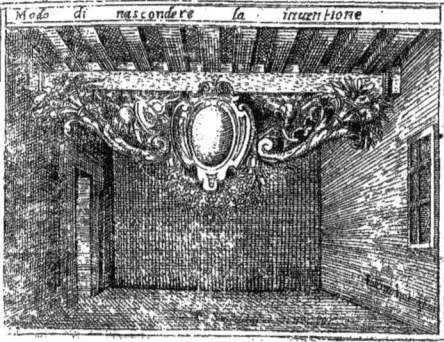
Modo di nascondere la inuentione

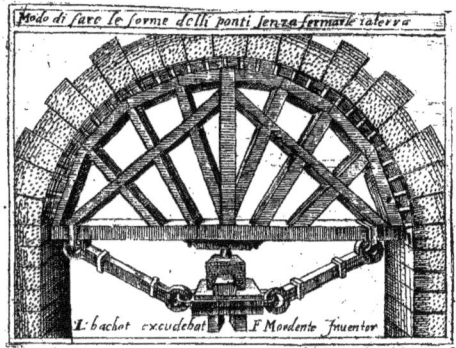
Modo di fare le forme delli ponti senza fermarli a terra

L: bachot excudebat   F. Mordente Inuentor

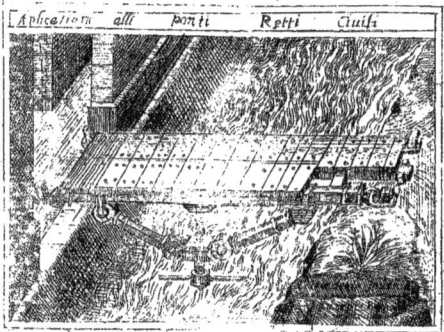
Aplicatione alli ponti Retti Ciuili

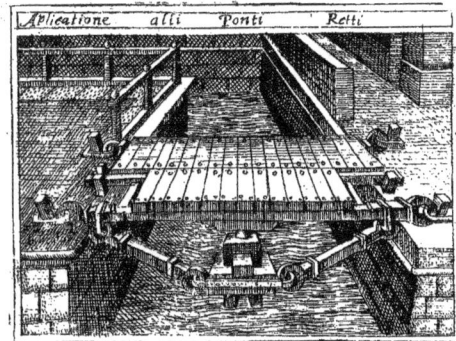
Aplicatione alli Ponti Retti

APPLICATIONE ALLI PONTI CVRVI

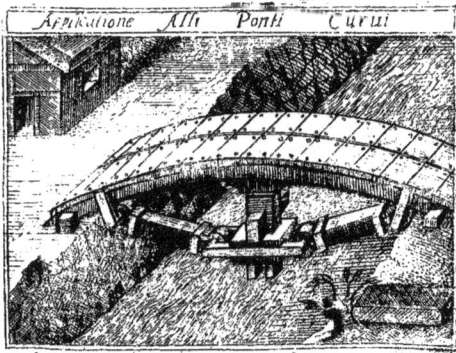
Aplicatione Alli Ponti Curui

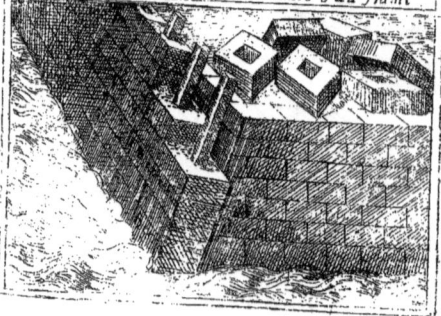

Ponte de molti pezzi de legni restretti con due corde con l'argano

Ponte Portatile Composito

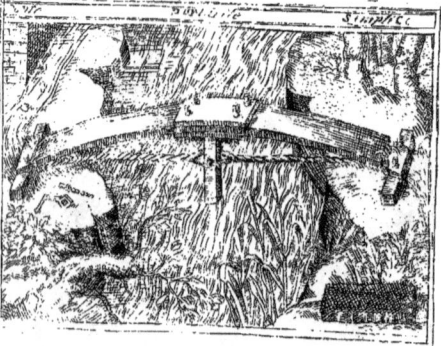

Ponte Semplice

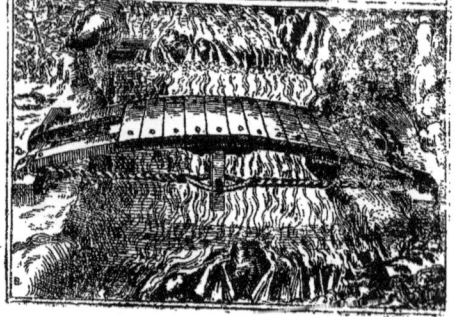

Modo di Condure li Mortaj molto Graui

Riparo de Tuochi battuti dal mare o da fiumi

DISECOVRS DES MESVRABLES.

Le Juste et legitime chemin que
doibt tenir et recercher le soldat.
Pour auoir la Conoissance et pvatic-
que De mesurer toutes longeurs largeurs et haulteurs de quelque place
que ce soit auec la profondeur des fosses
et le contenu des tallutz. Sience tres
vtille et nessesaire Car si peult a-
uenir a tout guerrier militant de
receuoir de son Superieur le comman-
dement et la charge, D aller reco-
noistre le site de quelque lieu de
forteresse. Ce que le simple curieux
pourra executer auec telle et sdcille

PROPOSITIONS GEOMETRIQVE

metode quil naura enue pour
Cet art aus plus doctes espritz.
Pour veu quil sadonne a lintelli
gence de lequierre la quelle Ce
peult Conposer dung triangle
party par les trois Costes de trois
de quatre et cinq partie Car par
Jcelle faire pourra de mervueilleux
esaictz Comme il Ce peult voir par
les Desseings suiuant

LA COMPOSITION DE LEQVIERRE

DES DISTANCES LA CONONOISANCE

PAR LA DISTANCE DE LA HAULTEUR

DE LA LARGEUR ET LA HAULTEUR

DES TALVS AVOIR LA CONGNOISANCE

DVNG PROFONT PVIS ASPIRER LEAVX

AILEVER LEAVX DVN PVIS PAR VNTVTAV

Achot Inuentor   Excud

DE DESCHER VN LIEV SVFOQVE DEAV

SON COVRS LA FAIT MONTER EN HAVLT

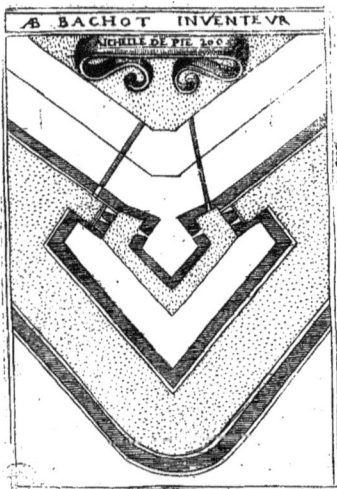

ÆB BACHOT INVENTEVR

ECHELLE DE PIE 200

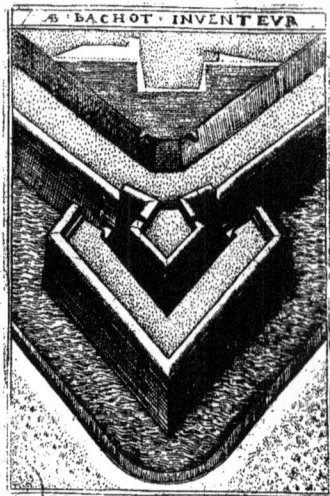

ÆB BACHOT INVENTEVR

ÆB BACHOT INVENTEVR

ÆB BACHOT INVENTEVR

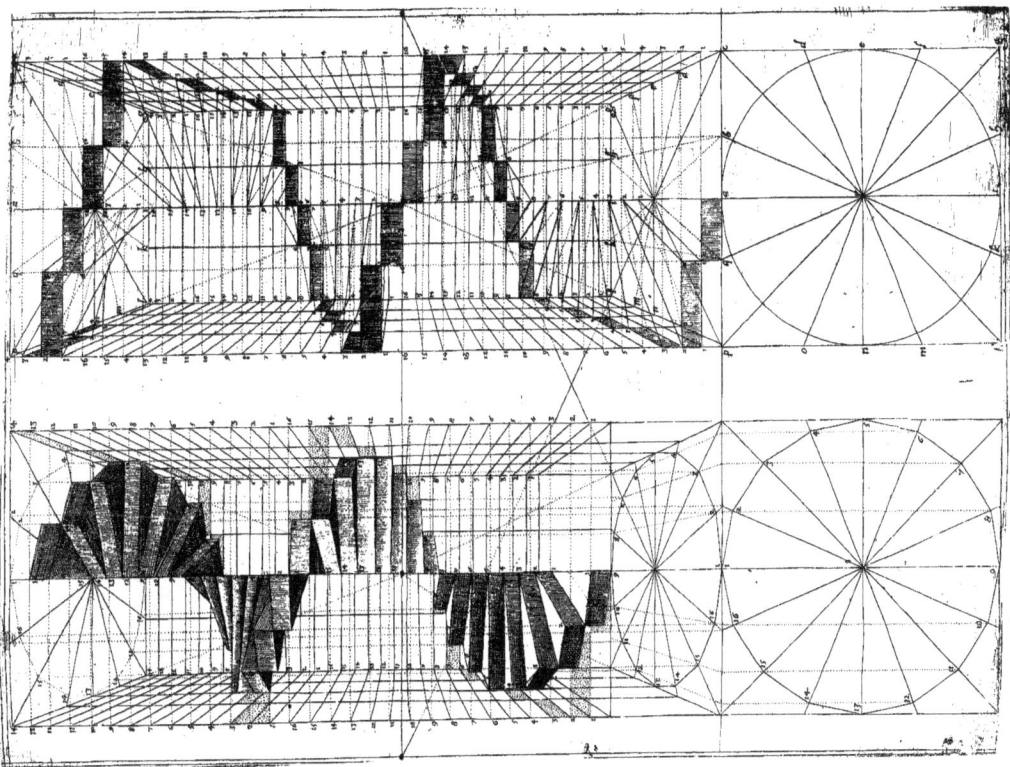

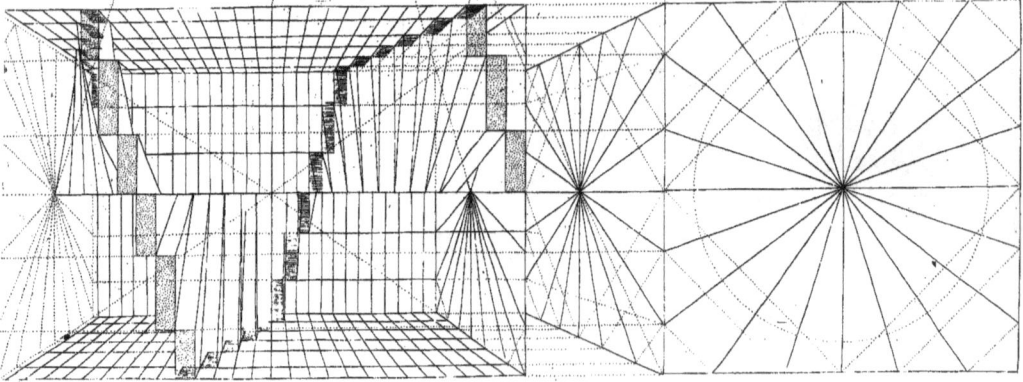

Elotgnement de l'œil

Perpendiculaires

Diagonales

profondeur proche

Corps éleué

Plan perspectif

Lignes horizontale

Plan geometrial de la figure Circulayre Comeill'cuoict

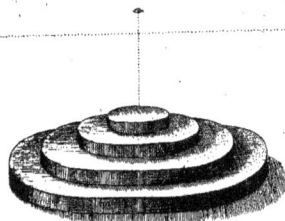

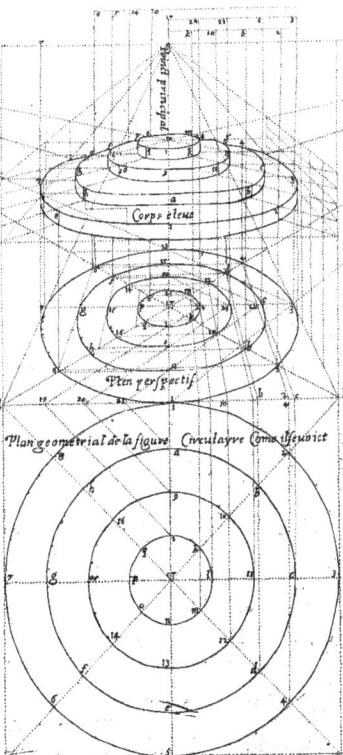

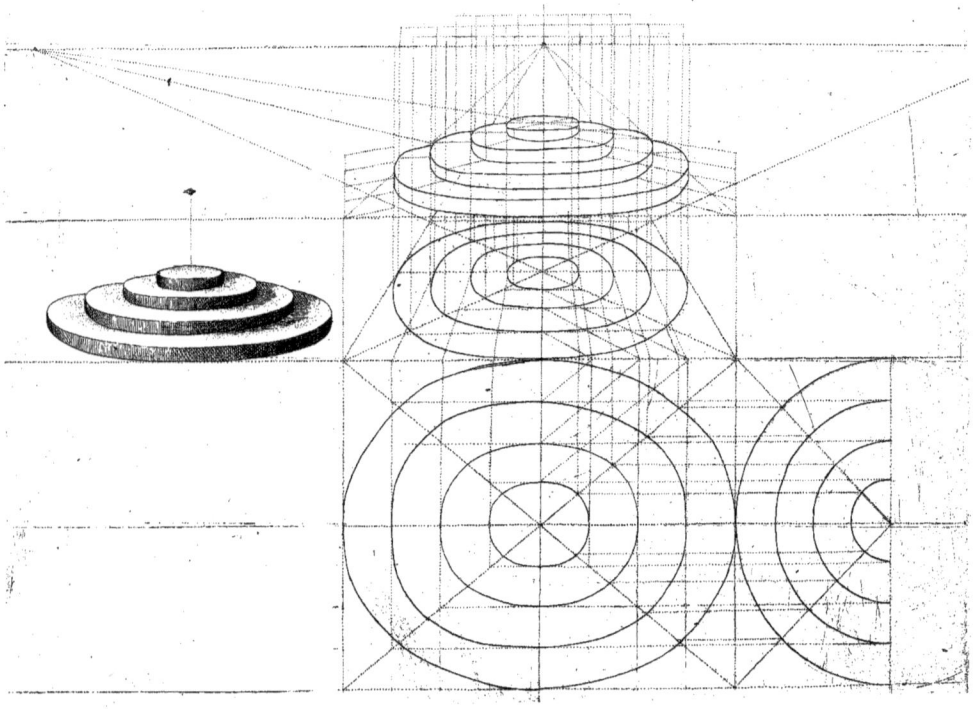

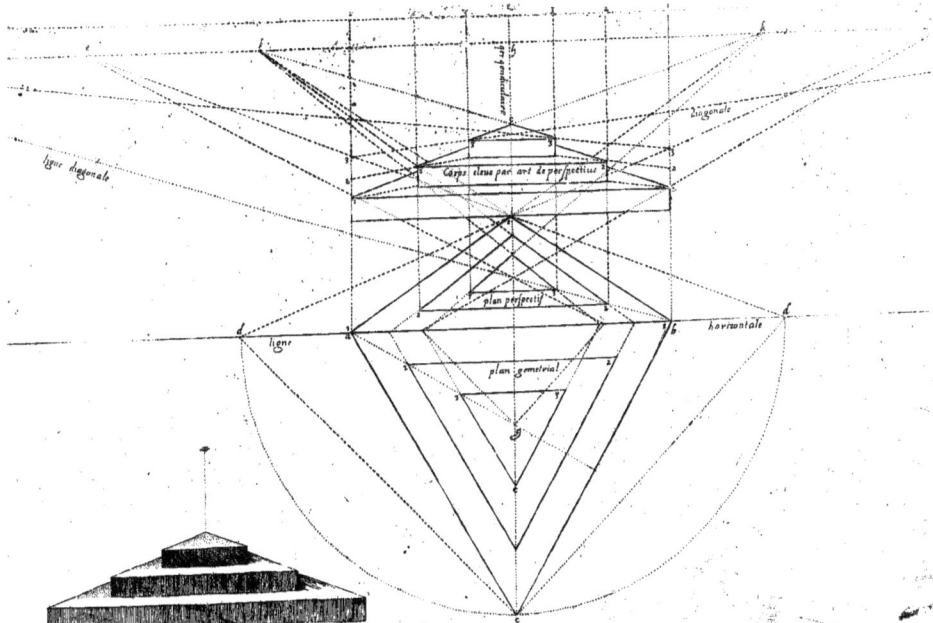

Corps eleus par art de perspectiue

ligne diagonale

diagonale

plan perspectif

ligne   horizontale

plan geometrial

Corps tire desenglan et represente qonlart degersacchus et enbrager

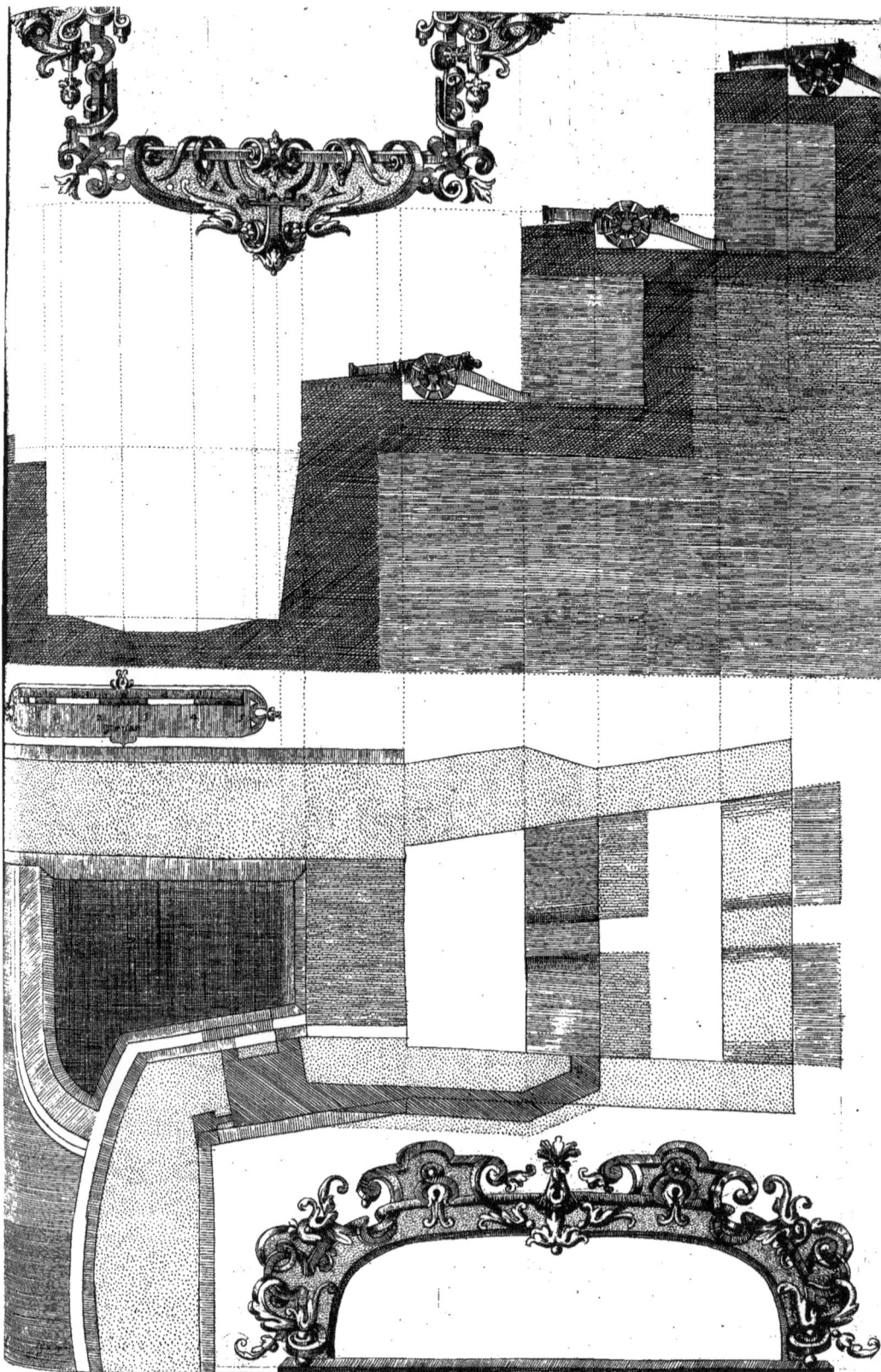

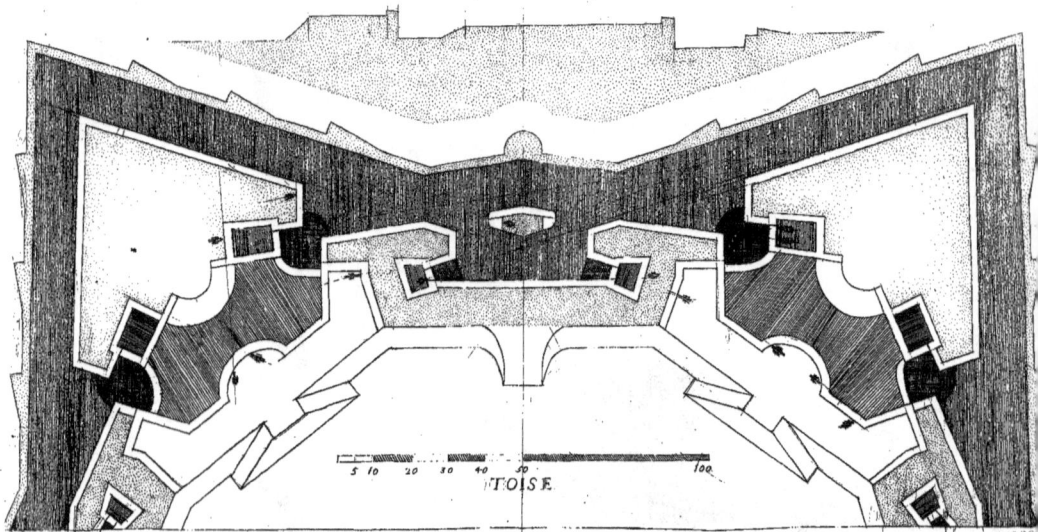

5 10 20 30 40 50   100

TOISE

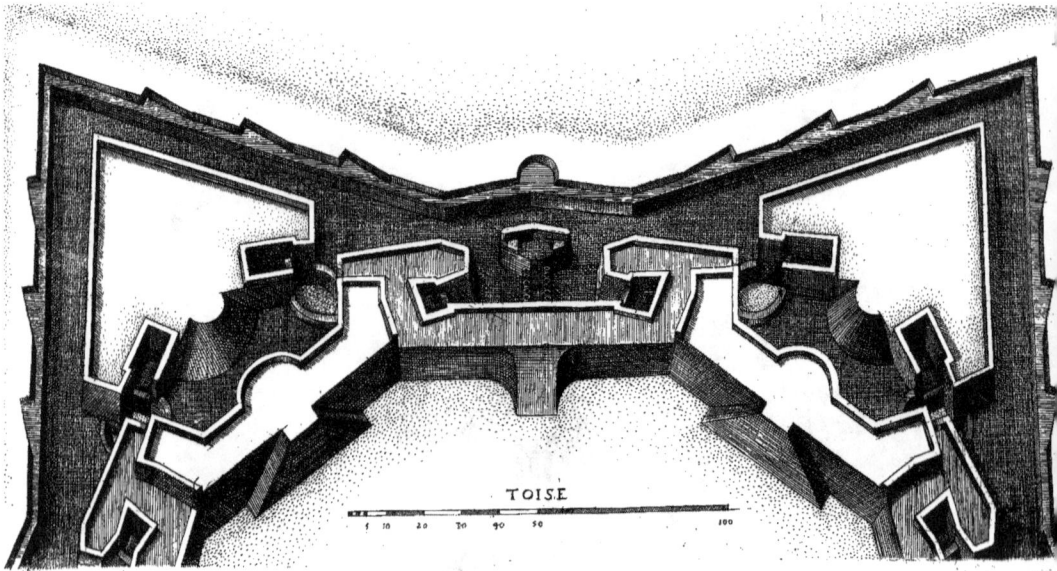

TOISE

5 10   20   30   40   50   100

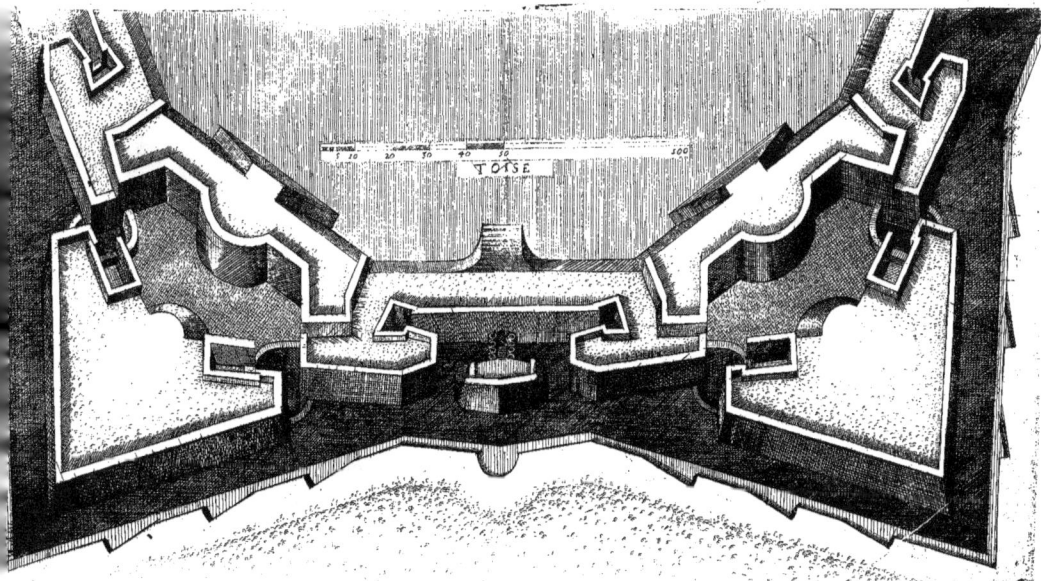

TOISE

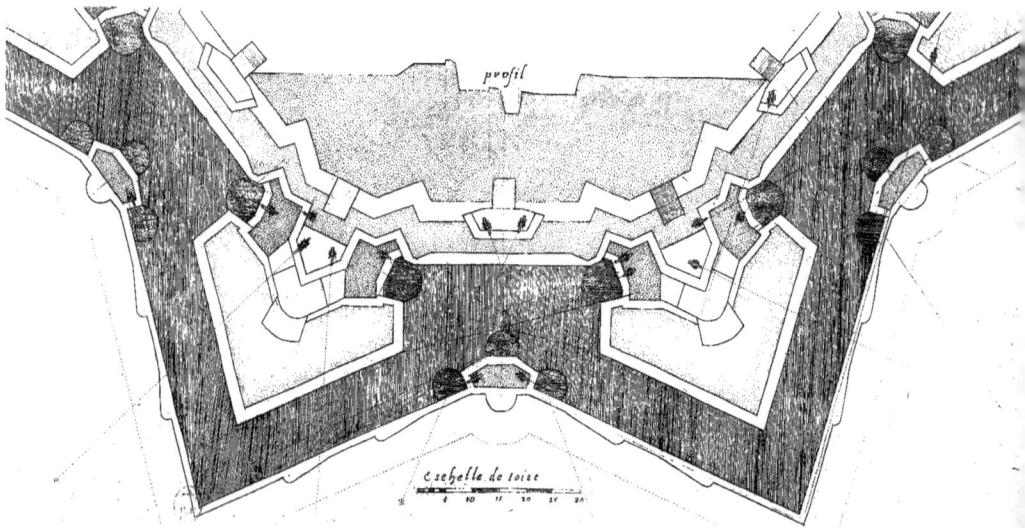

profil

Echelle de toise

Je fais MON ROY, ie vis en esperance
En Roy me tient, en La Grange enfermé,
Dedans Melun, ou ie me suis armé:
D'vn mien labeur pour seruir a la France.

Instrument facile & de belle Industrie Pour mesurer par
lart de Geometrie toutes distances tant longueurs largueurs
haulteurs que profondeurs encores que Celui qui en voul=
=dra vser neust aultre Intelligence de larithmetque que
de scauoir seulement nombrer pour Congnoistre les mesu=
ves de nostre Instrument Lequel Jay nomme LA BARQUE
Acause que ses membres representent le mast le Timon &
aultres Enharnachemens dun vaisseau de nautonnier &
mesmes les lignes visuelles peuuent representer les cordai=
=ges Et tout ainsy quune barque peult seruir auec des
filetz apescher vne Infinite de diuers poissont & pa=
=reillement nrē Barque accompagnées des raiz & lignes
paralelles donnera moien de rassembler plusieurs di=
=uersitez de termes au grand Contentement des espritz
amateurs de vertu

BARQVE DE RASSEMBLER PLVSIEVRS TERMES POVR PARVENIR A LA COGNOISSANCE DICEVLX

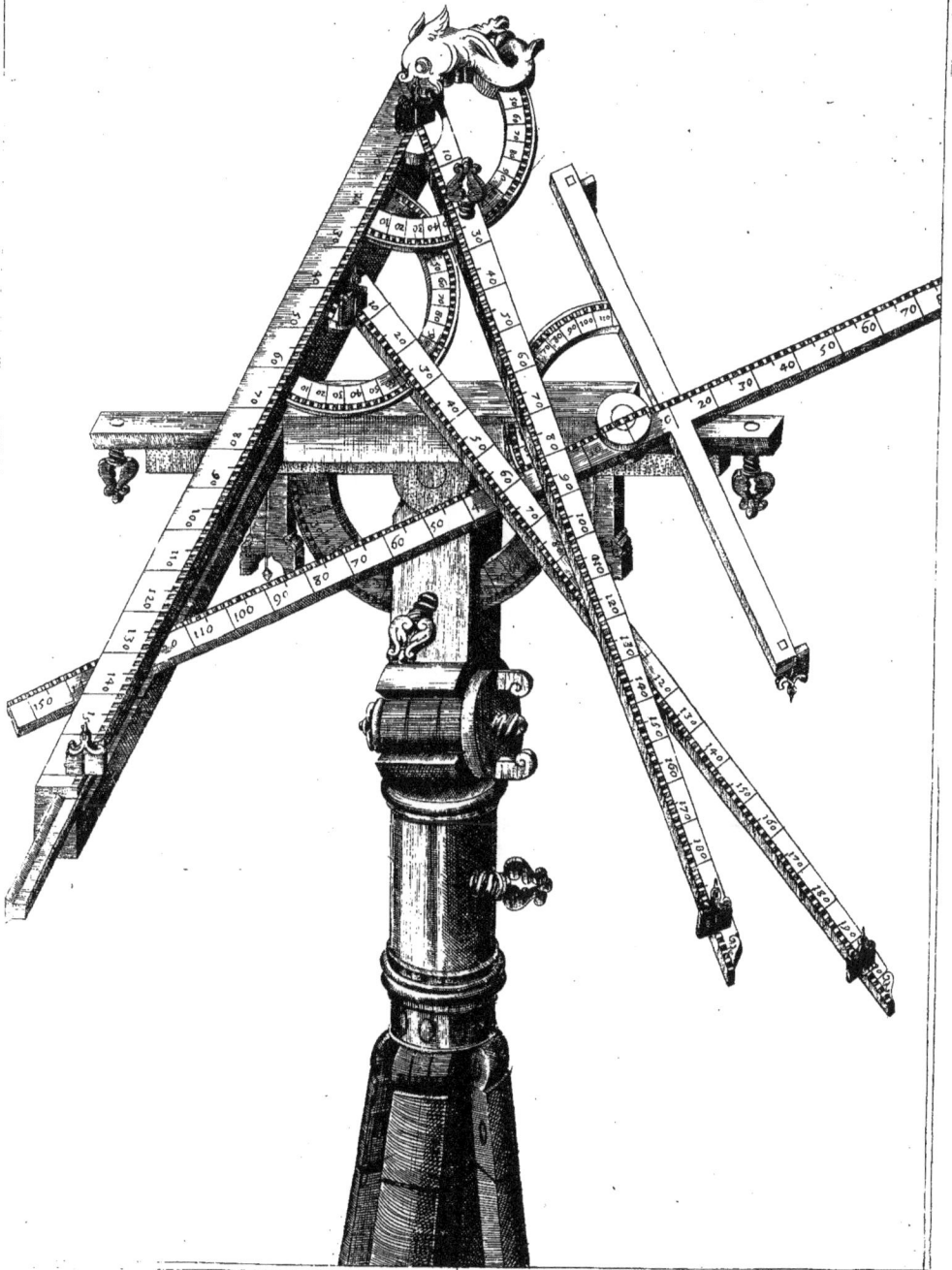

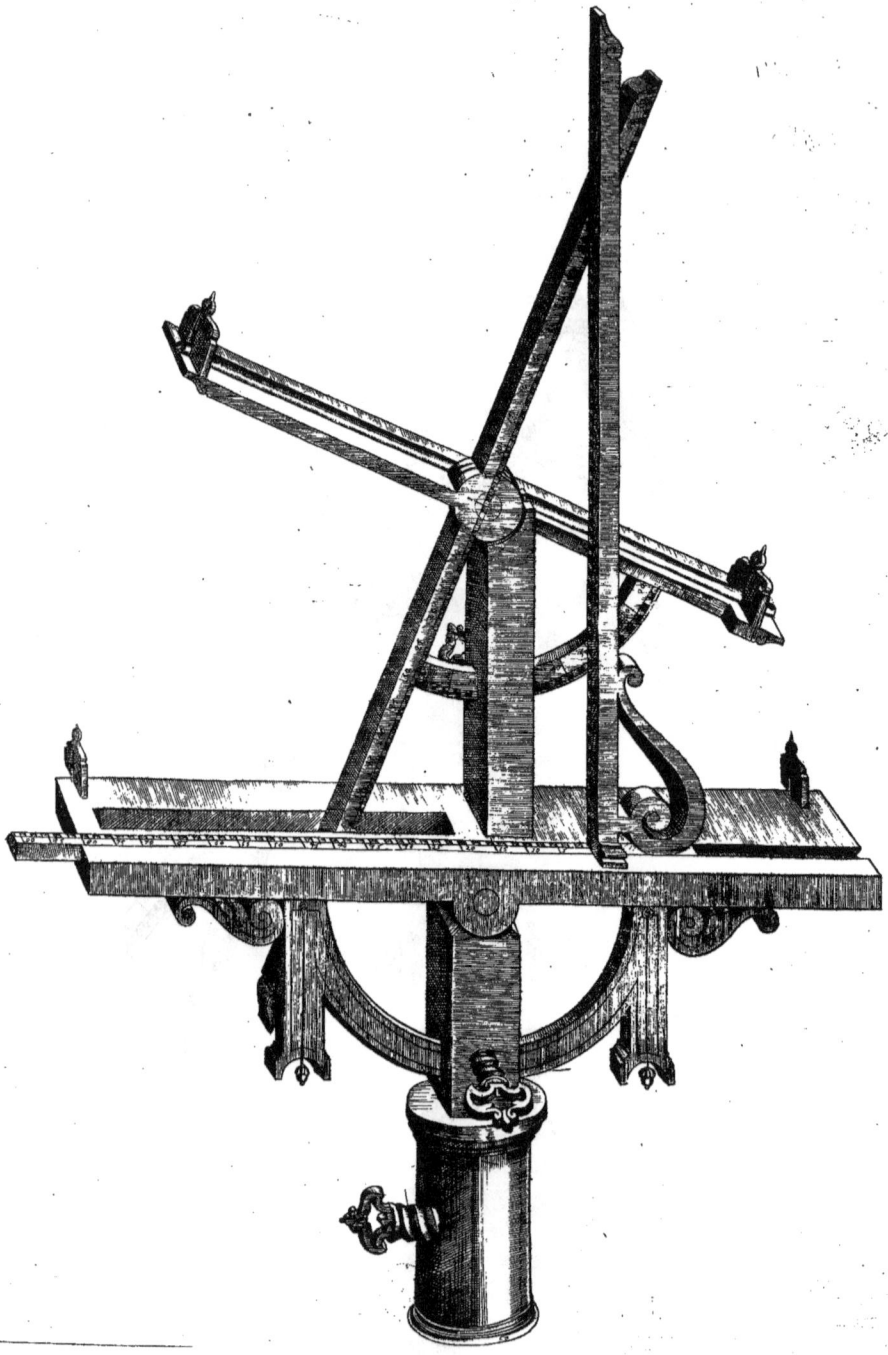

Instrument facile & de belle Industrie Pour mesurer par lart de Geometrie toutes distances tant longueurs largueurs haulteurs que profondeurs encores que Celui qui en voul= =dra vser neust aultre Intelligence de larithmetque que de scauoir seulement nombrer pour Congnoistre les mesu= =res de nostre Instrument Lequel Jay nomme LA BARQUE Acause que ses membres representent le mast le Timon & aultres Enharnachemens dun vaisseau de nautonnier & mesmes les lignes visuelles peuuent representer les cordai= =ges Et tout ainsy quune barque peult seruir auec des filetz apescher vne Infinite de diuers poisson̄t & pa= =reillement n͞re Barque a ccompagnées des vaiz & lignes paralelles donnera moien de rassembler plusieurs di= =uersitez de termes au grand Contentement des espritz amateurs de vertu

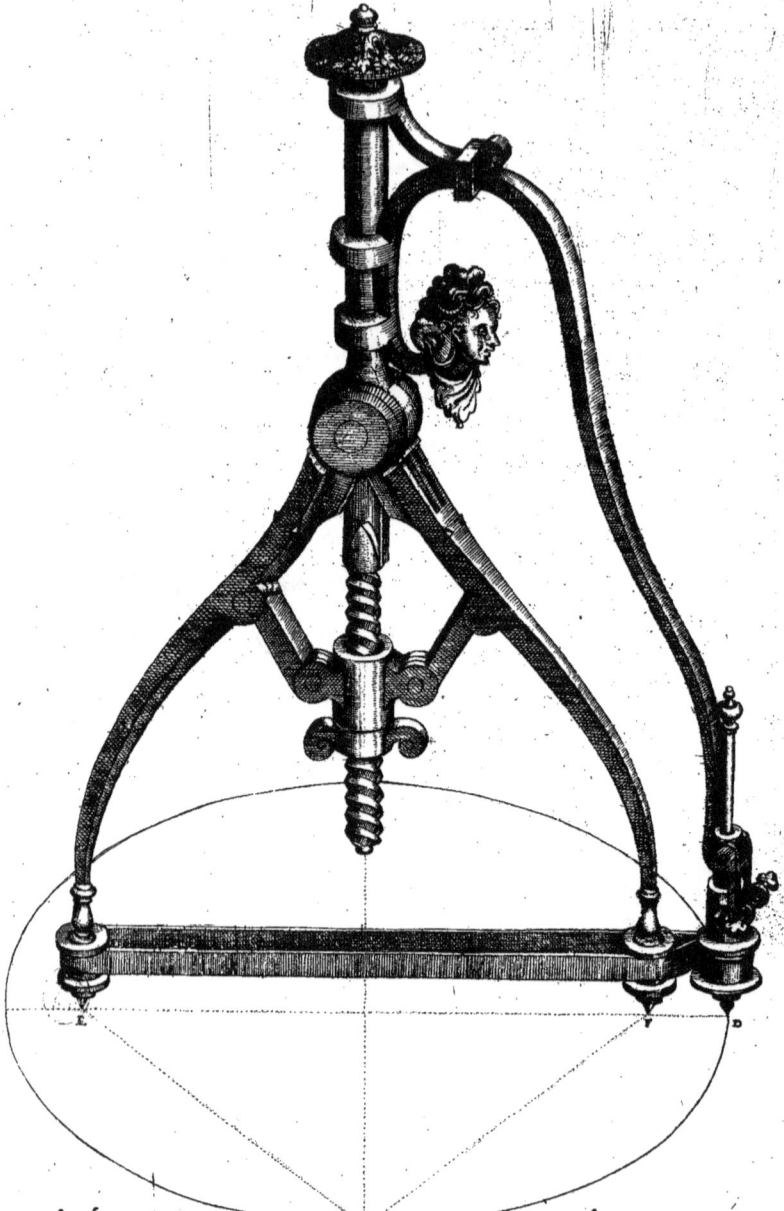

Compas Geometrique descriuant quelconque Oualle proposée P. Æ. BACHOT INVENT

El entour des deux poincts E et F trouuez par la proposition precedente tournez le poinct D tenant fermes les deux poinctes en E et F vous descrires l'Oualle demandée

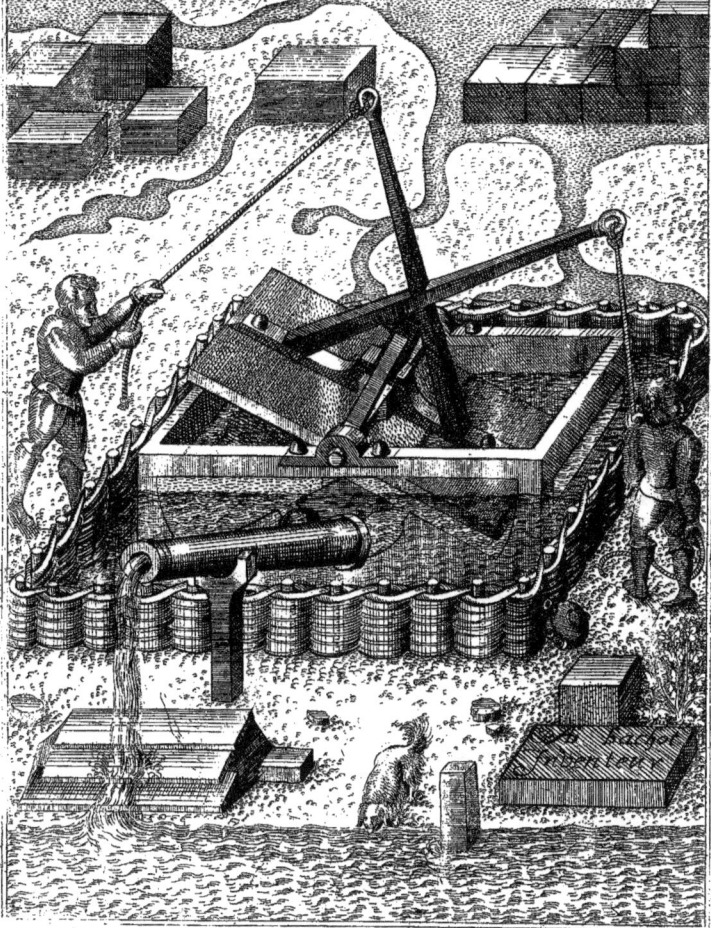

Machine pour leuer de l'eau d'une riuiere par sonpropre Cours et fort hatille

A bachot Inuenteur

Backet Inventeur

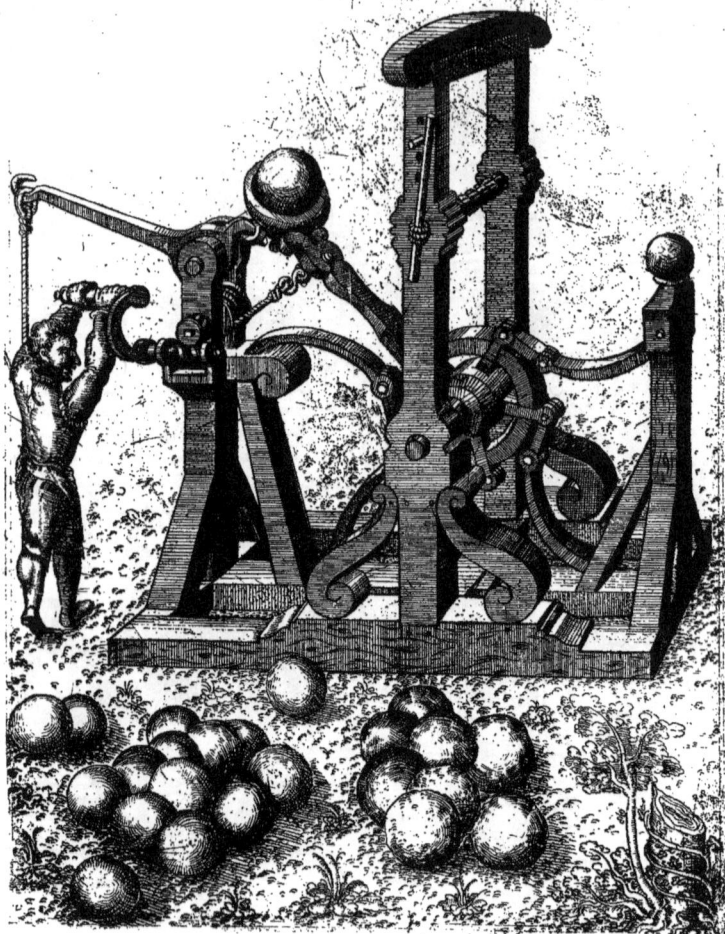

Industrie de Jeter Masse de piere Inuente par Ambroise bachot

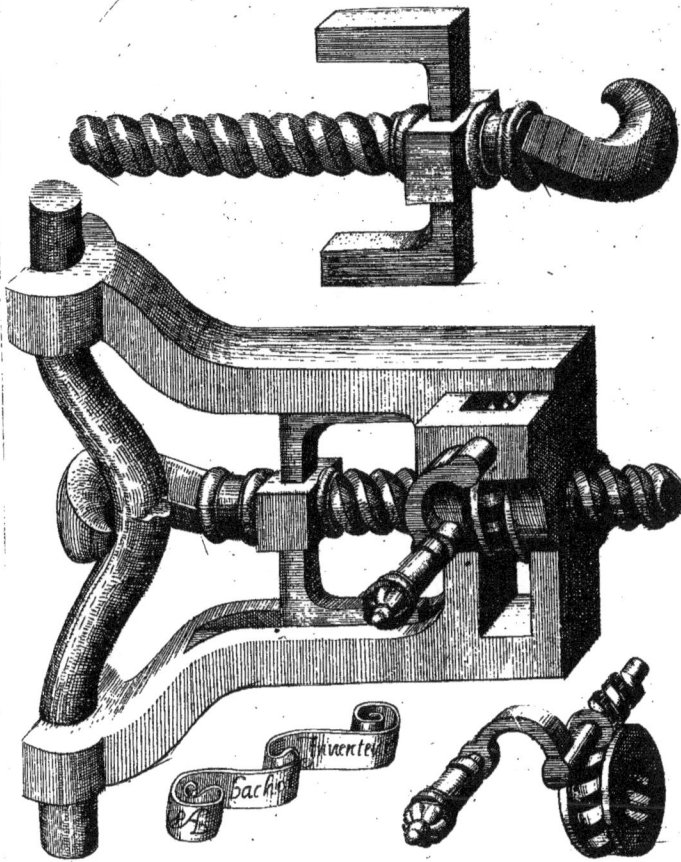

inuente
Bachot

Machine de secher quelque lieu suffoqué d'eau

Industrieuse machine pour tirer gros trafz de bois es par
isseus faire merueilleux effaict Inuente par ß. bachot

VEV. ENNVSAGE. A. LA. CITTADELLE. DETVRIN. EN. FEVRIER. 1577

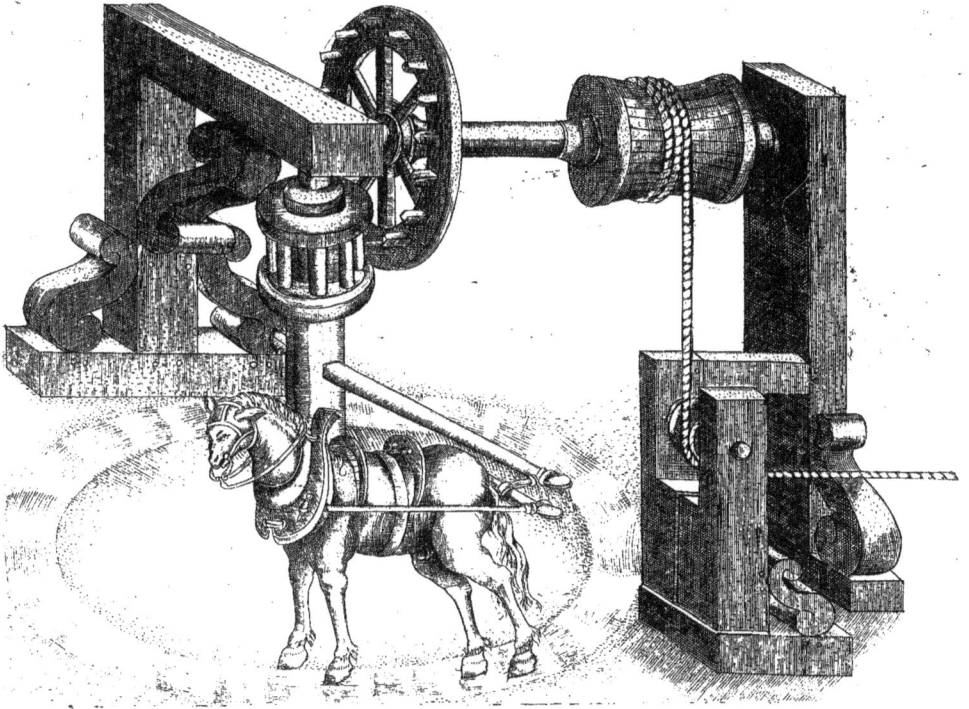

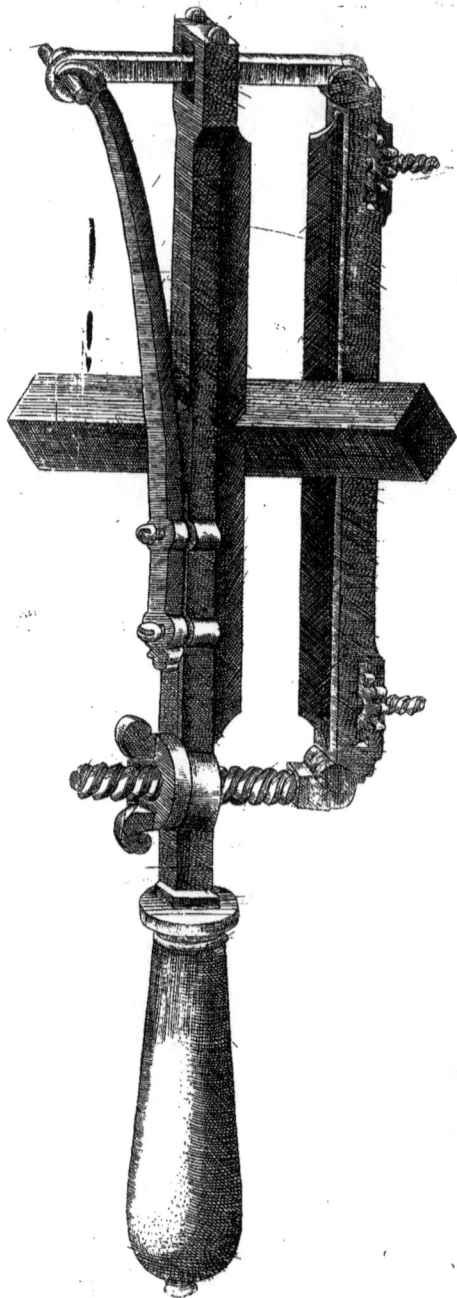

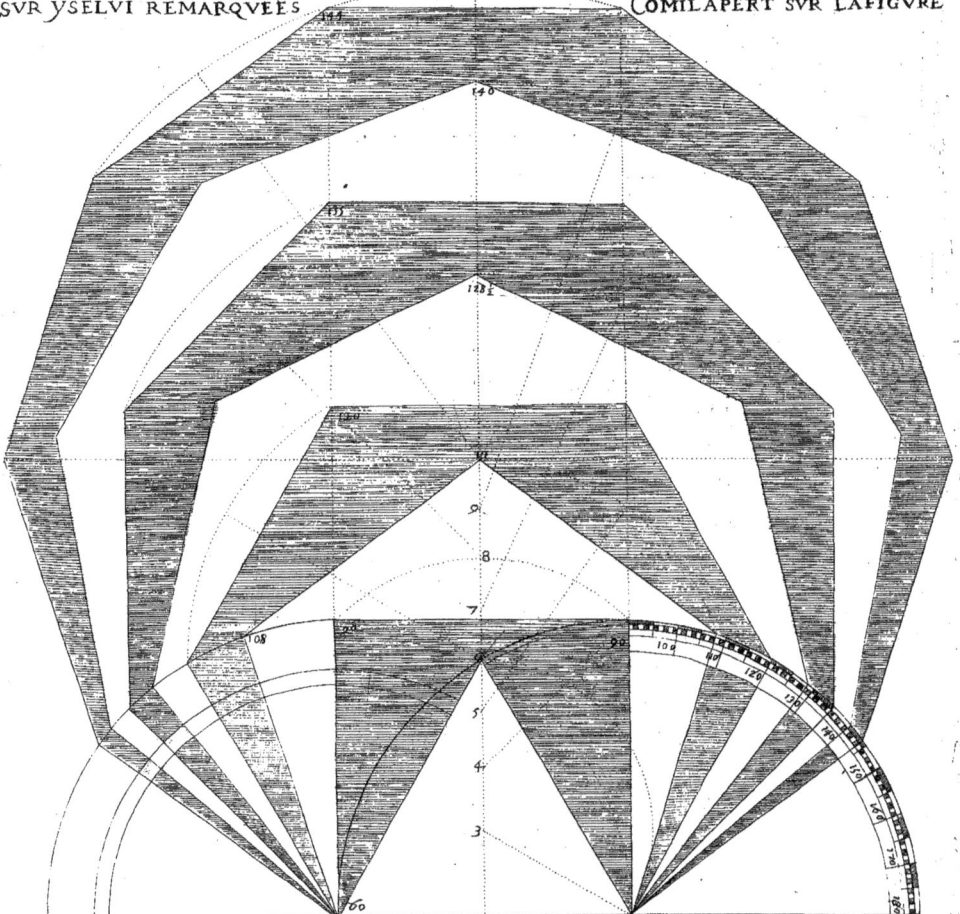

Le diferent dutriangle au Carre dupentagone aufidelecz agone outre paffant Jufques

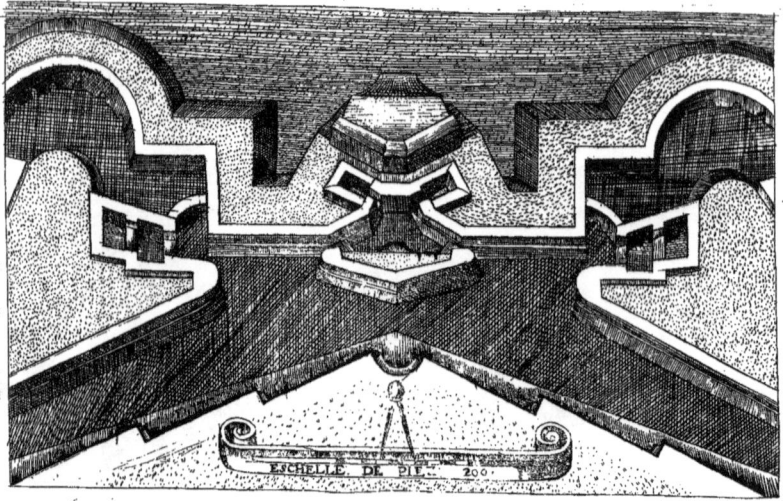

ESCHELLE DE PIE   200

ESCHELLE DE PIEZ   400

Bastion ingenieusement inuente par Ambroise Bachot

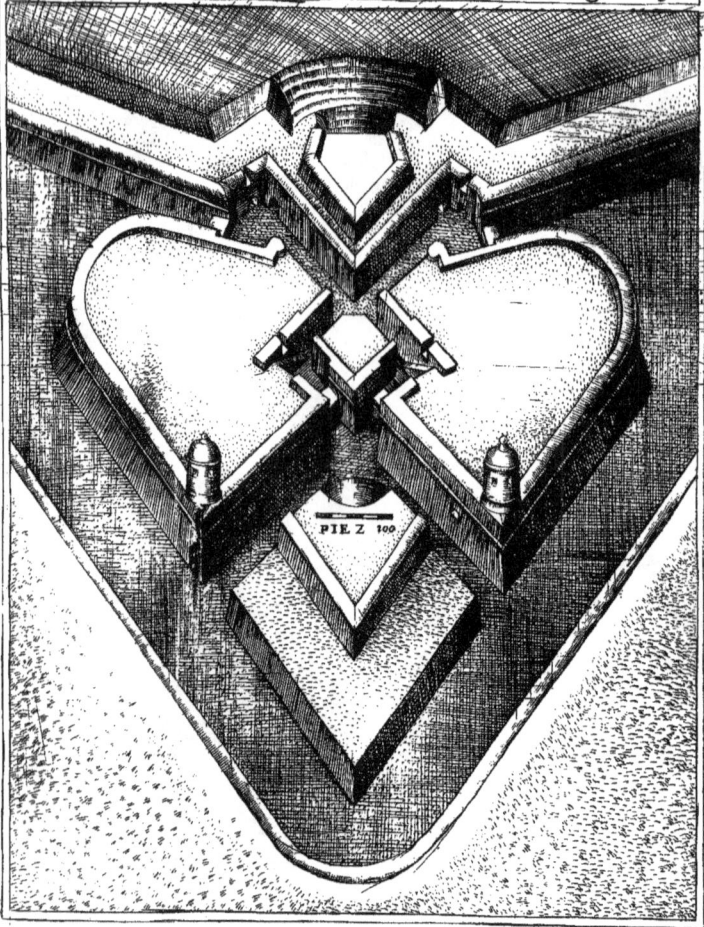

Bastion de tres grande desfence Jnuente par Ambroise Bachot

PIE Z 100

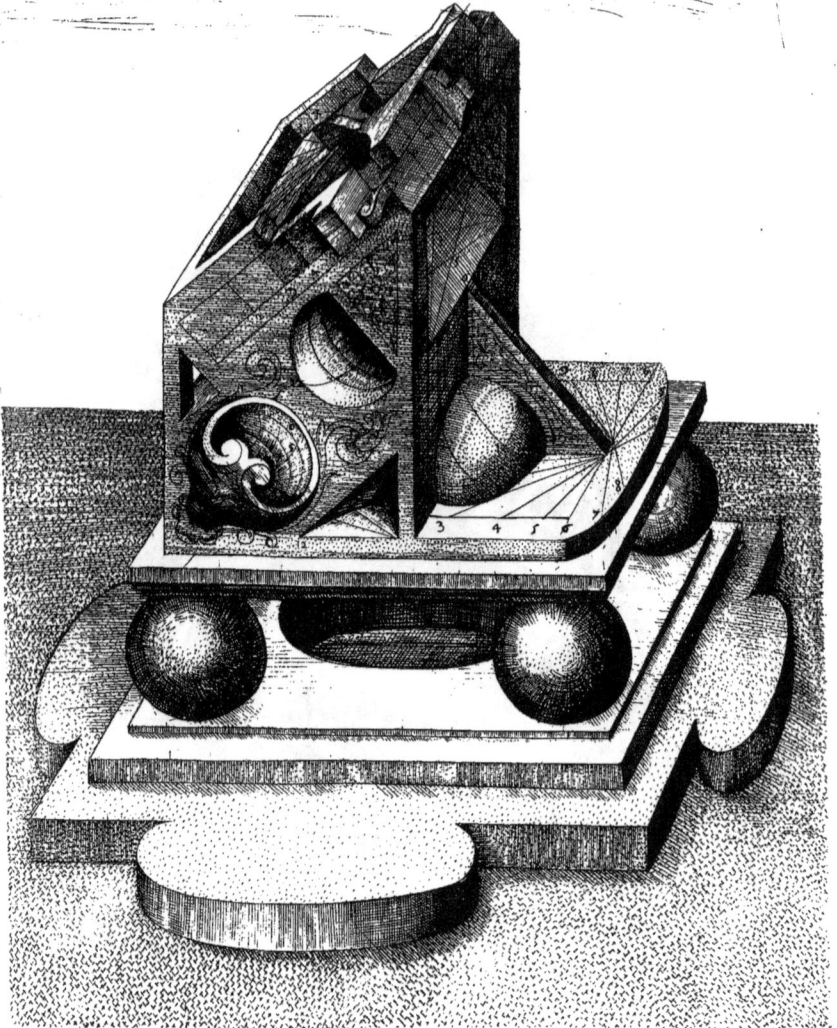

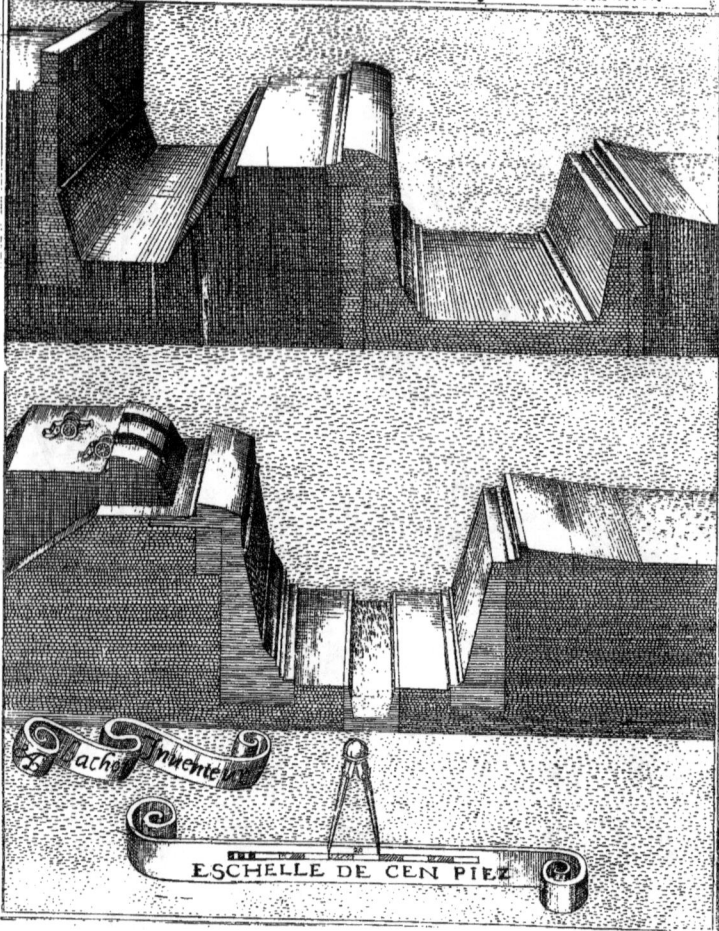

Lepovphile des Courtines de forteresse de diferente invention

A che Inuente

ESCHELLE DE CEN PIEZ

Mesure de 400. piez.

Pas geometrique. 60.

A

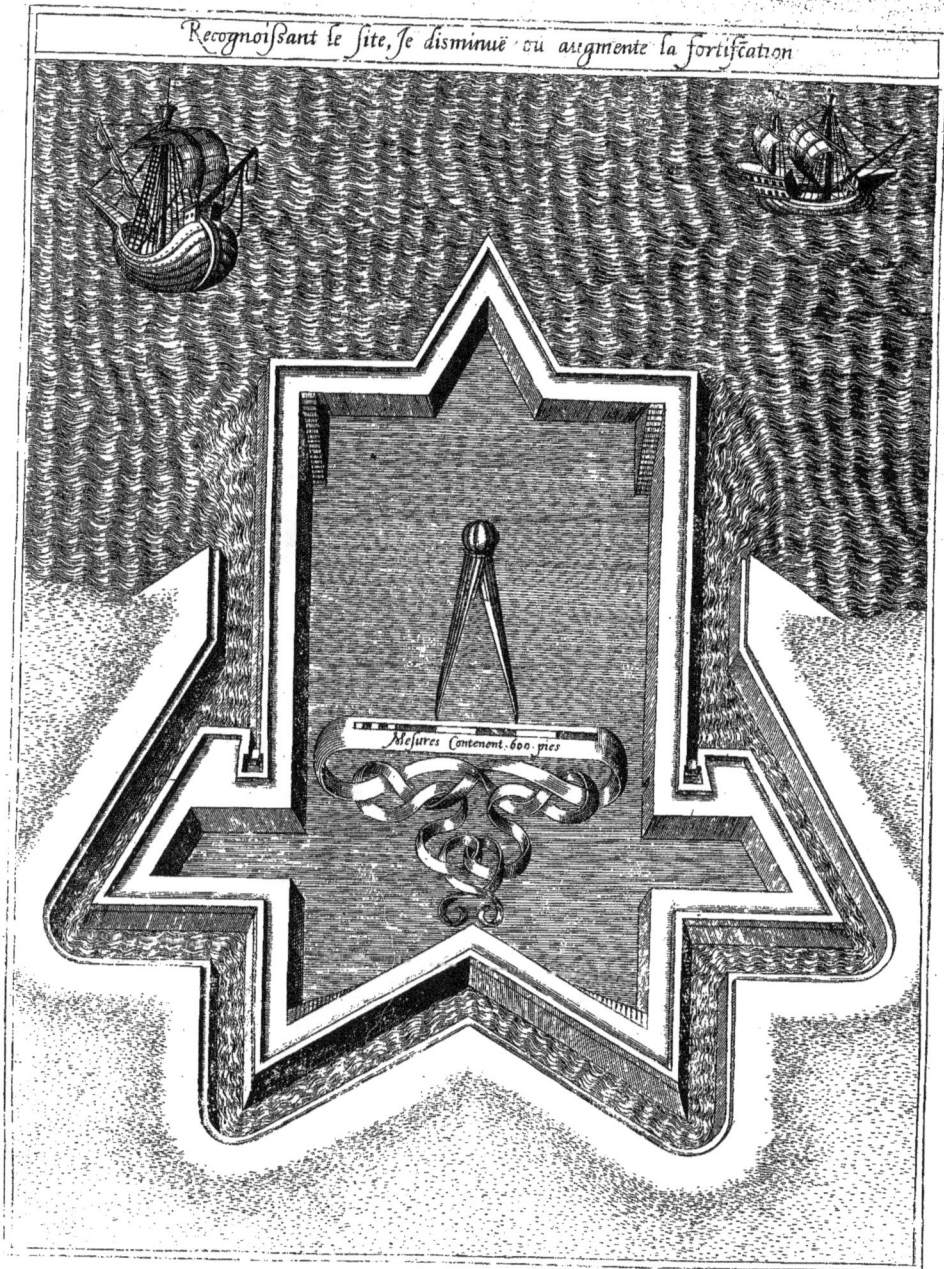

Recognoissant le site, Ie diminuë ou augmente la fortification

Mesures Contenent. 600. pies

Mesure de 400. piez.

Bastion de nouuelle inuention representant lung des menbres de quelque forteresse

ESCHELLE DE 200 PIEZ

ACHOT INVEN

Baſtion repreſantent lung des menbres dunne fortereſſe de nouuelle inuention

ESCHELLE DE PAS 80

INVENT

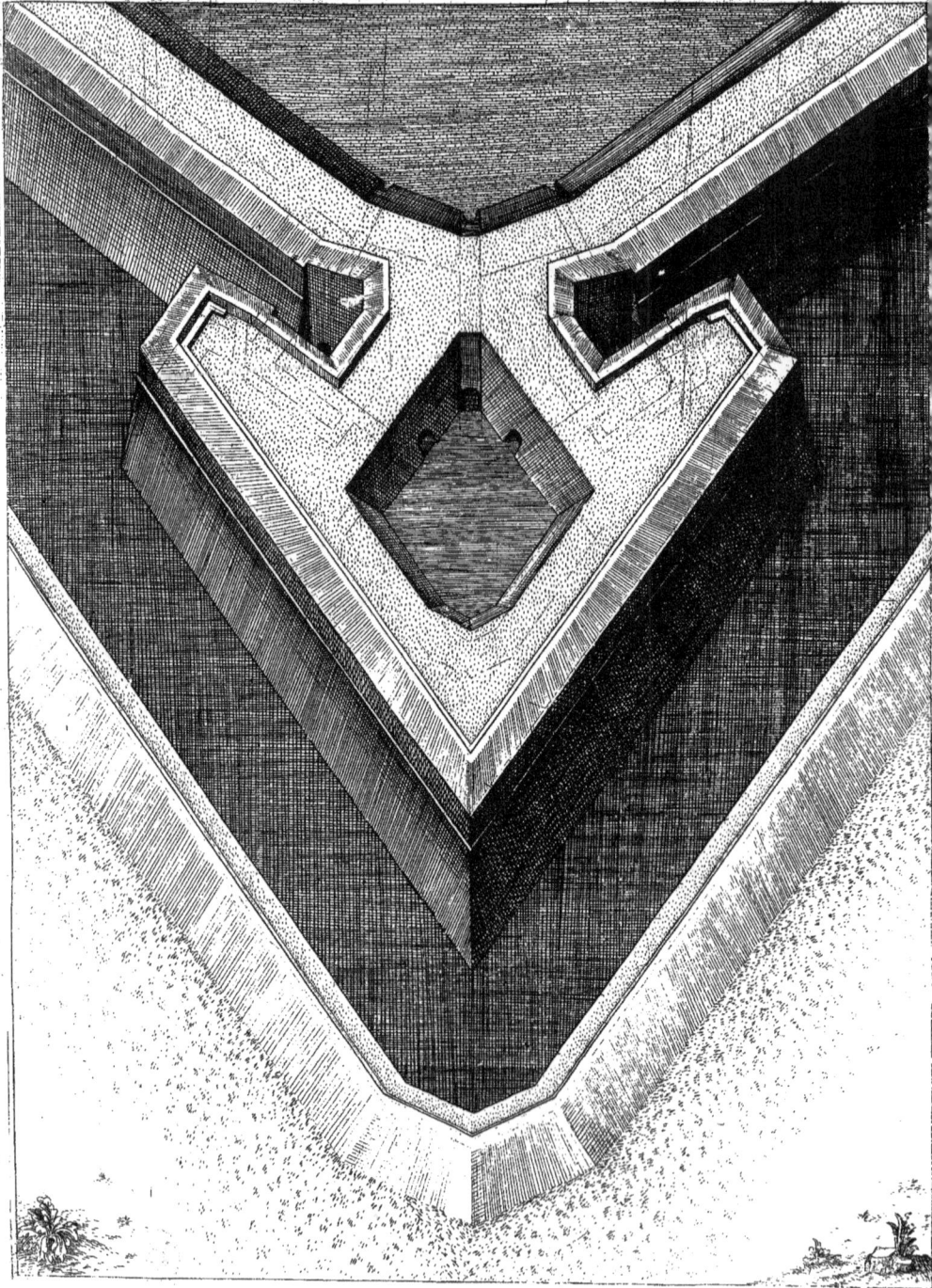

Mesure de 120. pas geometrique

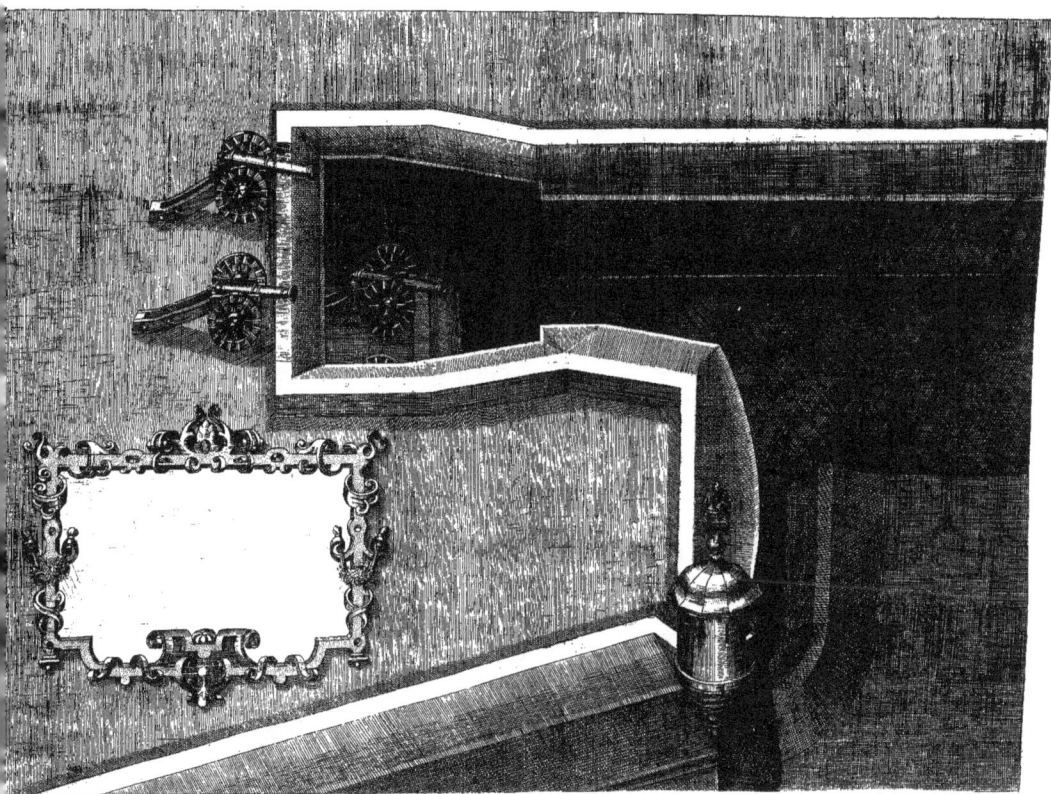

Soit la ligne A B divisée egallement en C pour la longueur &
la hauteur C D dont Il faille descrire une voulte

L'une des extremitez de la moytie A B soit mise en D & l'autre sur la ligne
A B d'une part & d'autre elle marquera en Jcelle les deux poincts E et F.

Esquelz deux poincts attachant un cordeau de la longueur A B, coullant
la main le long d'Jcelle d'une extremite a l'autre elle descrira la voulte
proposée

de notre recueil . fb . bachot

Exemple d'vne maniere vniuerselle du S.r G. D. L.

Touchant la pratique du traict à preuues pour la coupe des pierres en l'Architecture. Auec Priuilege.

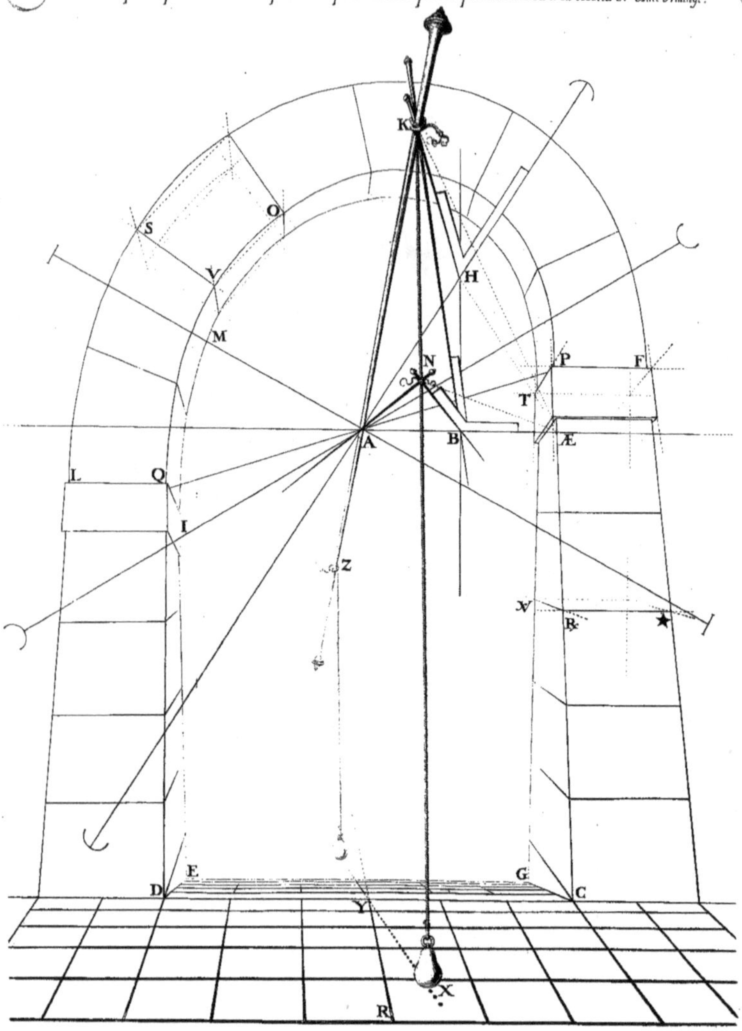

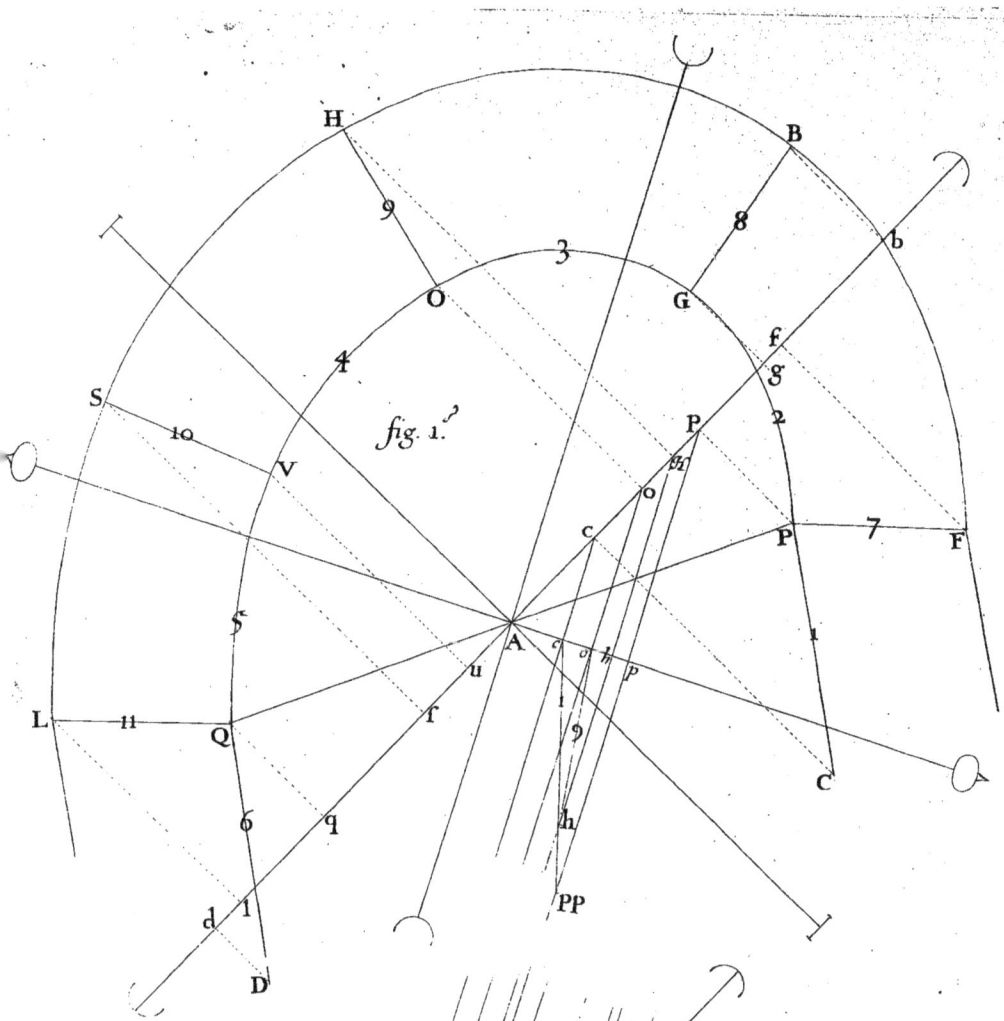

fig. 1.

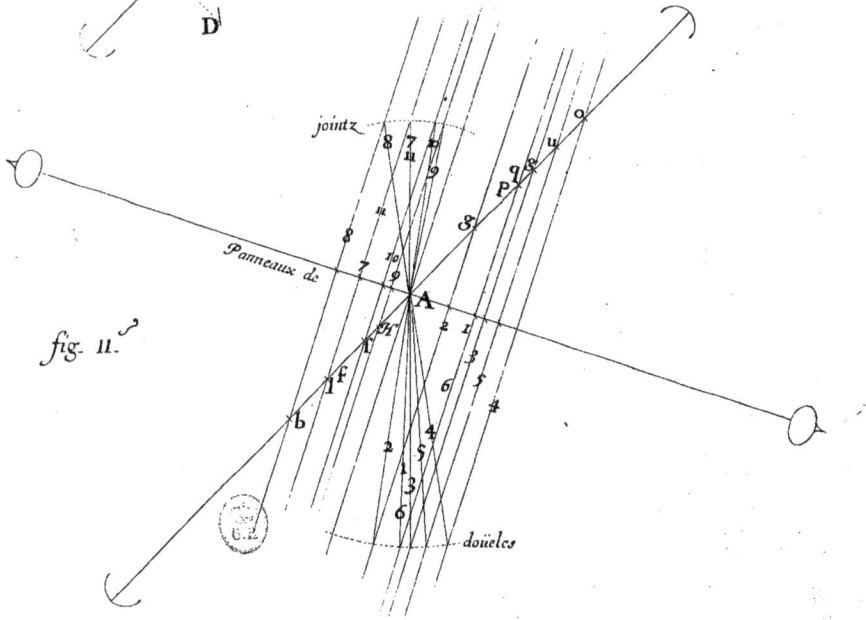

fig. II.

jointz

Panneaux de

doüeles

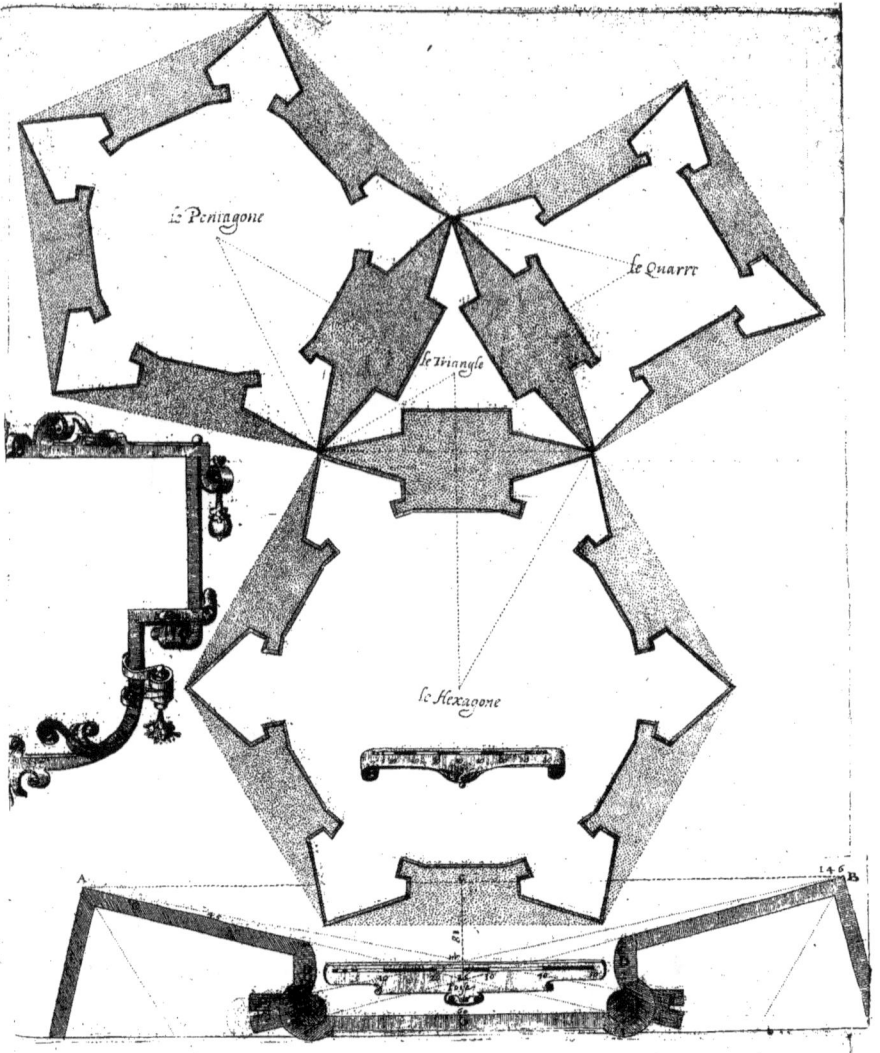

le Pentagone

le Quarré

le Triangle

le Hexagone

A   1 4 6   B

www.ingramcontent.com/pod-product-compliance
Lightning Source LLC
Chambersburg PA
CBHW071147200326
41519CB00018B/5139